ERFOLG IN JOGGINGHOSE

JARI FASTNER: **KARRIERE DURCH PERSONAL TRAINING**

1. Auflage Oktober 2017

Autor und Herausgeber: Jari Fastner
Webseite: jari-fastner.de
E-Mail: info@jari-fastner.de

Umschlaggestaltung & Layout: niclasruediger.de
Fotografie: niclasruediger.de
Lektorat: buch-wunder-werk.de
Veröffentlichung unterstützt durch buch-wunder-werk.de

Bibliografische Information der Deutschen Nationalbibliothek:
Die Deutsche Nationalbibliothek verzeichnet diese Publikation in der Deutschen Nationalbibliografie; detaillierte bibliografische Daten sind im Internet über http://dnb.dnb.de abrufbar.

ISBN-13: 978-1-5499-8001-5

Inhalt

Widmung

Dieses Buch widme ich **Vanessa Niemann**, einer ehemaligen Klientin von mir. Ich hatte das Glück, sie erfolgreich coachen zu dürfen und mit ihr den Weg zu gehen, dünn und vital zu werden. Insgesamt hat sie 17 Kilo abgenommen und sich damals zur Verfügung gestellt, ihre Geschichte mit mir in der Bildzeitung „Besser Leben“ (Ausgabe Frühjahr 2017) zu erzählen.

Ich bewundere ihren Ehrgeiz, ihre Firma weiter voran zu bringen, ihre Zielstrebigkeit sich Dinge in den Kopf zu setzen und vor allem ihre Fähigkeit, sich extrem schnell weiterzuentwickeln.

Ich habe sie damals mit dem Virus „Persönlichkeitsentwicklung“ angesteckt und kann heute kaum ihr Tempo halten. Es ist schon fast unheimlich, wie sie sich und ihr Leben verändert hat. Sie ist damals auf den Zug „Persönlichkeitsentwicklung“ aufgesprungen und heute könnte man sagen, dass sie diejenige ist, die die Kohlen in den Ofen feuert und den Zug so schnell vorantreibt, dass die Schienen auf der Erde glühen.

Sie unterstützt mich immer wieder mit Informationen, die mich und mein Business weiter voranbringen. Sobald sie eine Verbesserung für mich und mein Geschäft wittert, will sie mir helfen es umzusetzen.

Danke für deine Freundschaft und all deinen Rat und Unterstützung, Vanessa!

Vorwort

VON KARSTEN SCHELLENBERG

In manchen Berufen reicht es nicht aus, nur ein guter Fachmann zu sein. Als Personaltrainer arbeitet man mit Menschen aus allen Schichten und Altersgruppen. Man muss offen für die Wünsche der Trainees sein und dabei ehrlich in der Beratung. Das ist gerade am Anfang des Berufslebens schwer. Eine ehrliche Beratung ist nicht immer auch die lukrativste.

Biomechanik, Bewegungsabläufe und Trainingsplanung kann man erlernen. Wenn man jetzt auch noch mit Menschen umgehen kann, dann sollte dem Erfolg in dem einzigartigen Beruf des Personal Trainers nichts mehr im Wege stehen.

Ich weiß, dass Jari seine ganze Leidenschaft (und seine Präzision fürs Detail) in dieses Buch gesteckt hat. Also viel Spaß beim Lesen und viel Erfolg in dem schönsten Beruf der Welt!

30 JAHRE
SCHELLENBERG TRAINING 2017

Einleitung

„Du bist Personaltrainer – kann man davon überhaupt leben?" Diese Frage bekomme ich oft gestellt und meine Antwort darauf ist immer die gleiche: „Wie du siehst, lebe ich!" ;-) Sicher bist du auch schon sehr oft mit dieser Frage konfrontiert worden.

Ich erhalte immer wieder Anfragen von Personaltrainern, die wissen wollen, wie ich es geschafft habe, von meinem Business zu leben bzw. schon so lange ausgebucht zu sein. Andere Trainer rufen mich an und bitten um Rat. Vielen Sportinteressierten, die Lust darauf haben, als Personaltrainer zu arbeiten, fällt es oft sehr schwer, wirklich Kundinnen und Kunden zu werben. Sie wissen nicht so genau, wie man es anstellt, Geld mit Sport zu verdienen, und das auch noch regelmäßig.

Deshalb habe ich dieses Buch geschrieben, um dir Möglichkeiten aufzuzeigen, effektiv zu arbeiten, damit auch du ein erfolgreicher Personaltrainer wirst. Unser Beruf wird immer bekannter und hat inzwischen ein festes Berufsfeld in Deutschland erobert. Der Nutzen und die Vorteile werden immer mehr von der Bevölkerung erkannt und angenommen. Jedes Jahr werden mehr Personaltrainer benötigt, die qualitativ und hochwertig arbeiten. Hier ist wirkliches Potenzial für deine Zukunft vorhanden!

Ich habe jedes Wort hier aufgeschrieben und meinen Ausdruck ganz bewusst so gewählt, um dir möglichst leicht und schnell den Weg zu einem noch erfolgreicheren Personaltrainer zu zeigen. Ich hoffe, dass ich dir mit meinem Buch weiterhelfen kann und dich ein großes Stück nach vorne bringen werde.

Wenn du dieses Wissen anwendest, bin ich mir ziemlich sicher, dass auch du in kurzer Zeit ein sehr erfolgreicher und ausgebuchter Personaltrainer sein wirst.

VIEL ERFOLG UND SPASS DABEI! ;-)

Meine Geschichte

KAPITEL 1

Mein Name ist Jari Fastner, ich bin am 23.06.1987 in Buchholz in der Nordheide, einer kleinen Vorstadt von Hamburg, geboren und in einem kleinen Dorf in der Nähe aufgewachsen. Mein Vater war selbstständiger Glaser, er hatte einen eigenen, kleinen Betrieb in Hamburg Altona. Ursprünglich kam er aus Österreich und ist mit 18 Jahren von dort nach Deutschland ausgewandert, weil er vor dem Bund geflohen ist. Meine Mutter war zeitlebens Hausfrau und hat meinen Bruder Jered und meine Schwester Jaana und mich aufgezogen. Sie kommt ursprünglich aus Finnland und hat meinen Vater in Wien kennen gelernt. Die beiden sind dann zusammen in den deutschen Norden in die Nähe von Hamburg gezogen.

Ich war mein Leben lang auf einer Privatschule und wusste lange nicht, dass ich es wohl besser hatte als die meisten anderen Kinder. Mein Vater war fleißig, verdiente gut und konnte meiner Mutter, mir und meinen Geschwistern ein angenehmes Leben ermöglichen. Urlaub war jedes Jahr drin, ich hatte coole Klamotten und auch sonst alles, was ich brauchte. In der Schule war ich immer schlecht, musste von der dritten in die zweite Klasse zurückgehen, weil ich mit dem Stoff nicht hinterherkam. Ich war überfordert! Ich stand mit meinen schulischen Leistungen immer auf der Kippe, konnte mich nicht wirklich gut konzentrieren und war notentechnisch grundsätzlich einer der Schlechteren. Außer im Sport, da war ich der Beste!

Nach der neunten Klasse verließ ich die Privatschule, weil ich meinen Realschulabschluss nicht geschafft hätte – meine Noten waren einfach zu schlecht.

Ich war zwar nicht faul, konnte die Leistung aber einfach nicht erbringen, die die Lehrer von mir forderten. Ich ging dann auf eine staatliche Schule, wo ich ein Jahr länger Zeit hatte, meinen Realschulabschluss zu machen. Ich bestand mit 3,0! Nicht wirklich gut, aber ich hatte das Ding in der Tasche.

Nach meinem Realschulabschluss fing ich die Ausbildung zum Rettungssanitäter an. Bei der Abschlussprüfung fiel ich durch und musste drei Monate auf die nächste Prüfung warten.

Ich habe damals sehr viel gelernt und wirklich versucht, den Stoff in mein Hirn zu prügeln. Als ich die Prüfung dann wieder machen durfte, bin ich nochmal durchgefallen und habe von da an wirklich an meiner Intelligenz gezweifelt. Ich habe echt überlegt, ob ich überhaupt in der Lage bin, ein normales Leben zu führen und ob mein IQ dazu ausreicht, ein Leben als normaler Bürger leben zu können. Offensichtlich war ich dumm, lag von meinen Leistungen her unter dem Durchschnitt der Bevölkerung, ich konnte mich nicht richtig konzentrieren und war für anspruchsvollere Dinge eher nicht zu gebrauchen.

Ich hab mich dann doch nach einigem Hin und Her dazu entschieden, die dritte und letzte Chance für die Prüfung zu nutzen und habe dann nach weiteren sechs Wochen des Lernens, Bangens und Zweifelns an mir selber tatsächlich bestanden und mein Abschlusszeugnis zum Rettungssanitäter in den Händen gehalten!

Alter, war ich froh! Wenn ich beschreiben müsste, wie ich mich mit dem Zeugnis in der Hand gefühlt habe, dann würde ich es ungefähr mit dem Gefühl gleichsetzen, das Frodo hatte, als er den Ring ins Feuer geschmissen hat. Ja, ich glaube das beschreibt es ganz gut! :D

Ich war doch nicht dumm, war doch zu einem „normalen Leben“ in der Lage! Gott sei Dank! Jetzt im Nachhinein eine wirklich komische Denkweise von mir, aber damals hab ich das echt gedacht!

Ich hab dann erstmal als Rettungssanitäter gearbeitet, durfte langweilige Dialysefahrten machen.

Menschen mit kaputten Nieren zur Blutwäsche fahren und wieder abholen – nicht wirklich spannend, was mein Leben da für mich vorbereitet hatte.Aber, hey, ich verdiente 6,50 Euro die Stunde und nach Beenden der Probezeit sogar 7,50 Euro. Die Karriereaussichten als Rettungssanitäter waren rosig! :D Mit 950 Euro netto im Monat kommt man richtig weit!! :D

Wie konnte ich mich damals mit so wenig Geld zufrieden geben? Zum Sterben zu viel, zum Leben zu wenig!

Ich bin dann nach einem halben Jahr erfolgreicher Krankentransporte für sechs Monate nach Irland auf eine Farm gegangen. Raus aus dem sterilen Sanitäterleben, rein in den Dreck, in den Matsch, in die Scheiße! Wollte einfach mal weg aus Deutschland, raus aus meiner gewohnten Umgebung und rein ins „Abenteuer"!

Ich muss dazu sagen, dass ich fast kein Englisch sprechen konnte, als ich am Flughafen in Kerry landete, aber das war ja nicht so schlimm. Ich war ja da, um es zu lernen.

Nach sechs Monaten Kühe melken, Gemüse am Markt verkaufen, Mais ernten und meinem Boss in den Arsch kriechen, hatte ich genug davon, in der Scheiße zu wühlen und bin dann wieder zurück zu meinen Eltern nach Deutschland geflogen.

Ich hab wieder als Sanitäter gearbeitet und mir nebenbei überlegt, was ich mit meinem Leben anfangen möchte. Ich hatte keine Lust mehr dazu, Opa Herbert und Oma Gisela von ihrem Zuhause in die Arztpraxis zu fahren und sie dann nach vier Stunden wieder abzuholen.

Aber was sollte ich machen? Was konnte ich gut? Was würde mir Spaß machen? Was würde mich ausfüllen, erfüllen und glücklich machen? Ich wusste es auf Anhieb **nicht**, daher schaute ich im Internet, was es für Möglichkeiten gab. Nicht, dass ich zum ersten Mal nach einem Beruf im Internet gesucht hätte, nein, ich hatte das vorher schon ungefähr eine halbe Millionen Mal getan, aber irgendwie nichts gefunden.

Dann sprang es mir ins Gesicht: Sportlehrer!!!

Es war fast wie eine Erleuchtung! Kennt ihr das, wenn man in den Filmen die U.S. Marines in den Kommandozentralen sitzen sieht und das grüne Licht von den Bildschirmen sich in ihren Gesichtern widerspiegelt? Ungefähr so stand der Begriff „Sport- und Gymnastiklehrer" in meiner Fresse! :D

Ich bin und war im Sport immer der Beste, hatte dort immer Einsen im Unterricht und hatte nie Probleme, mich zu bewegen. Das war es! Aber warte mal, ich hatte doch gar kein Abi, ich war doch nur Realschulabschlussbesitzer, war doch viel zu dumm fürs Abitur!

Ich schaute, was es für Möglichkeiten gab und entdeckte, dass es auch private Schulen gab, die zum staatlich geprüften Sport- und Gymnastiklehrer ausbilden und die auch „billige“ Realschulabschlussbesitzer aufnehmen! Gymnastiklehrer war mir zwar etwas suspekt, aber ich dachte, manchmal muss man halt Abstriche machen!

Einige Schulen suchte ich mir heraus und wurde nach meiner Bewerbung zum Eignungstest eingeladen.

Ich habe natürlich bestanden, es war für mich nicht wirklich schwer, die paar Bälle von A nach B zu werfen, das Bisschen Geräteturnen zu absolvieren und einige Kilometer zu laufen. Das war für mich ziemlich easy.

Resultat: Ich hatte bestanden und durfte ein paar Monate später meine Ausbildung in Stuttgart an der Gluckerschule anfangen.

Im ersten Semester kam dann die Frage auf, was man eigentlich genau mit dieser Ausbildung machen kann. Als die Möglichkeiten wie Sportlehrer in der Schule, Rehasport, Animateur in Hotels oder Personaltrainer vorgestellt wurden, sagte ein Lehrer: „Im Personaltraining kann man 70 Euro die Stunde verdienen“!

WAS??? **70 Euro** die Stunde? Im Personaltraining? Für Sport??? DAS MACHE ICH!!!

Und ab dann war es klar, Jari Fastner wird Personaltrainer!

Wenn ich heutzutage darüber nachdenke, ist das ein echt schlechter Antrieb gewesen, meine berufliche Karriere zu starten, aber ich will ja ehrlich zu dir sein. Heute ist das auch schon lange nicht mehr mein Antrieb, aber dazu später mehr in diesem Buch.

Nach fünf Semestern des erfolgreichen Lernens, hab ich meine Ausbildung zum staatlich geprüften Sport- und Gymnastiklehrer mit einem Notendurchschnitt von 1,7 abgeschlossen und war bereit, jetzt endlich meine 70 Euro als Personaltrainer zu kassieren!!!

Ich zog wieder zurück in den Norden und meldete, ohne irgendeine Ahnung über Firmengründung, Steuern und Personaltraining, ein Gewerbe an. Ich kaufte mir bei Amazon eine Matte, ein paar Therabänder, einen Pezziball, eine Fettmesswaage und war bereit!

Die Kunden können kommen, ich bin so weit! Frisch von der Uni, mit den neusten wissenschaftlichen Erkenntnissen im Kopf und mit dem besten Trainingsequipment unter dem Arm, konnten sie kommen! Die Reichen und Schönen, die Dicken und Unsportlichen, die Langsamen und die Kranken! Ich mache sie fit, ich mache sie vital, ich mache sie beweglich! Ich mache die Dicken dünn, die Kranken gesund, die Langsamen schnell!!!

Hier bin ich, ich warte auf euch!!!
Jari Fastner macht die Leute dünn!!!

Aber es tat sich nichts, es tat sich gar nichts, es krähte kein Hahn nach mir, nichts, nada, niente. Kein Dicker wollte dünn gemacht werden, kein Langsamer wollte schnell gemacht werden, kein Unbeweglicher wollte von mir beweglich gemacht werden.

FUCK, ich hatte ein ganzes Jahr nicht einen einzigen Kunden im Personaltraining, aber ich war ja Personaltrainer, oder nicht?!

Zu diesem Zeitpunkt war ich 23 Jahre alt und zweifelte schon wieder an meinen Fähigkeiten, ob ich überhaupt dazu in der Lage war, selbstständig als Personaltrainer zu arbeiten.

Um mich über Wasser zu halten, fing ich an, in mehreren Fitnessstudios als Trainer auf der Fläche zu arbeiten. Zu Höchstzeiten war ich in vier Studios gleichzeitig beschäftigt. Ich hatte sogar einen Job angenommen, in dem ich zweimal die Woche Yoga unterrichten musste. Wenn ich heute jemandem erzähle, dass ich mal Yoga unterrichtet habe, werde ich dafür ausgelacht, denn heute können sich das die meisten Leute bei mir nicht mehr vorstellen!

Im ersten Jahr als „Personaltrainer“ hab ich auch wieder auf Teilzeit als Rettungssanitäter gearbeitet, damit ich krankenversichert war, da ich mir eine Privatversicherung noch nicht leisten konnte.

Ich erzählte allen, die ich kannte, dass ich jetzt als Personaltrainer arbeiten möchte und gerade versuche, mich in diesem Bereich selbstständig zu machen, aber irgendwie kannte keiner jemanden, der dünn und fit gemacht werden wollte. Jedenfalls nicht von mir!

Und dann, dann auf einmal, bekam ich meinen ersten Kunden, einen echten Kunden, der wirklich Geld an mich zahlen sollte, der wirklich an meiner Dienstleistung als Personaltrainer interessiert war. Mein damaliger Chef, dem die Krankentransportfirma gehörte, hatte mich einem Bekannten von ihm empfohlen.

Es war soweit, meine Stunde hatte geschlagen, JARI FASTNER HATTE SEINEN ERSTEN KUNDEN, GEIL!!! Jetzt konnte es losgehen, jetzt konnte mich und meinen Erfolg keiner mehr aufhalten, ich war praktizierender Personal Fitnesstrainer!!

Jari Fastner macht die Leute dünn!!!

Das dachte ich jedenfalls. Ging es wirklich so weiter? NEIN, leider nicht. Nicht mal ansatzweise, nicht im entferntesten Sinne. Ich hatte wieder ein ganzes Jahr nur einen einzigen Kunden. Es kam irgendwie kein zweiter, es kam einfach keiner, schon wieder hat sich niemand für mich interessiert!

Ich hab dann eine Weiterbildung als Personaltrainer gemacht und dadurch einige Marketingtools in dieser Fortbildung gelernt, wobei es auch ums Netzwerken ging.

Der Grundtenor war, dass man sich einen Masseur, ein gehobenes Restaurant, ein gutes Hotel oder auch einen Weinhändler suchen sollte, sich da vorstellt und dann versucht, gegenseitig seine Kunden an die jeweiligen Adressen weiter zu empfehlen.

Hat das funktioniert? Teilweise, also was machte ich? Ich suchte mir ein teures Restaurant in meiner Nähe, bot dem Geschäftsführer an, dass ich meine Kunden zu ihm schicken würde, wenn ich vergünstigte Gutscheine bei ihm kaufen könnte und die dann meinen Kunden als Geschenk übereichen würde. Um es dir genauer zu sagen: Ich wollte einen 50 Euro Gutschein und dafür nur 25 Euro bezahlen!

Weißt du, wie der Geschäftsführer mich angeguckt hat?! Einer der wohl peinlichsten Momente in meinem ganzen Leben. Er dachte, ich mache einen Scherz und will ihn verarschen!

Aber nein, das war kein Witz, ich wollte das wirklich!

Seine Reaktion war: Er nahm seinen rechten Zeigefinger und zog damit an seinem rechten unteren Augenlied!

Ich weiß leider noch ganz genau, wie ich mich gefühlt habe. Es war die Hölle, ich wäre am liebsten tot gewesen, hätte mich am liebsten ausradiert, aufgelöst oder erschossen. Hätte ich eine Waffe in meiner Tasche gehabt, hätte ich sie an meinen Kopf gehalten und abgedrückt!! Ja, ich glaube so ungefähr hätte man meine Gefühlslage beschreiben können.

30 Sekunden später war ich wieder in meinem Auto und wollte den ganzen Scheiß hinschmeißen.

Es gingen ein paar Tage ins Land und ich überlegte, ob ich das wirklich kann, wirklich als selbstständiger Personaltrainer arbeiten und davon leben. Doch ich wollte es, ich wollte es unbedingt, also blieb ich dran.

Weiter ging es in meiner Liste über Kooperationspartner und ich

suchte mir im Internet einen Masseur raus. Ich schrieb ihm eine E-Mail und bekam sogar eine Antwort. Wir machten einen Termin zum Kennenlernen aus. Ich schlug ihm etwas Ähnliches vor wie dem Geschäftsführer des Luxusrestaurants, allerdings nicht ganz so hart kalkuliert.

Nach ein bisschen hin und her verhandeln, einigten wir uns tatsächlich, und es kam zu einer Kooperation.

In dem Verhandlungsgespräch war auch die Frau des Masseurs dabei und meinte, dass sie sich auch für ein regelmäßiges Training bei mir interessieren würde. Und es kam tatsächlich zu einem Training mit ihr, und mein zweiter Kunde war geboren. Geil, ich hatte jetzt zwei Kunden!

Weiter ging es mit meinem Elan und ich besuchte einen alten Bekannten, über den ich von einem Freund gehört hatte, dass er abnehmen und etwas für sich und seinen Körper tun wollte.

Es war mir unangenehm, dorthin zu fahren, es kostete mich Überwindung und Kraft, aber ich wollte unbedingt Personaltrainer werden, wollte mich erfolgreich in der Branche etablieren und dazu musste ich einfach meine Komfortzone verlassen, die Arschbacken zusammen kneifen und Klinken putzen.

Das tat ich dann auch. Und siehe da, er freute sich, dass ich zu ihm kam und ihm anbot, ihn zu trainieren. Er meinte: „Genau auf so was habe ich gewartet!" Und mein dritter Kunde war am Start, sogar zweimal die Woche!!! Geil!!!

Kurz darauf bekam ich über genau diesen Kunden eine weitere Empfehlung und mein vierter Kunde war da! Jetzt konnte es losgehen, jetzt hatte ich vier Kunden, und einen davon sogar zweimal die Woche!

Jetzt hatte meine Stunde geschlagen, jetzt konnte mich nichts mehr aufhalten, hier bin ich!

Jari Fastner macht die Leute dünn!!!

Dachte ich jedenfalls.

Aber nein, wieder ein Rückschlag, einer meiner Kunden sprang ab, er musste aus irgendwelchen Gründen mit dem Training aufhören. Neeeiiin!!! Was soll das?

Ich hatte es so schwer, Kunden zu bekommen, kämpfte um jede Stunde, die ich geben durfte, machte einen überragenden Job als Personaltrainer, bereitete mich so gut vor, war so engagiert und trotzdem lief es nicht!

Nach drei weiteren Monaten hörte dann auch noch der nächste Kunde auf, wollte eine Pause einlegen und später wieder anfangen.

Ich dachte wieder: „Das gibt es doch nicht, kann ich wirklich als Personaltrainer selbstständig und erfolgreich sein?“

Zu diesem Zeitpunkt hab ich wirklich erneut an mir gezweifelt, mich über andere Berufe informiert und mir Gedanken gemacht, was ich sonst noch so tun könnte, um aus dieser anstrengenden und zermürbenden Lebensphase herauszukommen.

Ich war sauer auf mich, weil ich kein Abi hatte, wollte eventuell doch noch was studieren, um irgendwo eine sichere Anstellung zu bekommen. Ich überlegte, ein Fernstudium zu machen und forderte Informationsmaterial an, um weitere Möglichkeiten abzuchecken.

Doch irgendwie war das alles nichts. Ich wollte Personaltrainer werden, wollte erfolgreich sein und einen Namen in der Branche haben! Also entschied ich mich, doch weiterzumachen und es weiter zu versuchen.

(Das Informationsmaterial von der Fernuni bekomme ich übrigens heutzutage immer noch, habe ich nie abbestellt, denn es erinnert mich immer wieder an die schwierigen Zeiten, in denen ich nicht ausgebucht war, ein altes Auto fahren musste, kein Eigenheim hatte, keine Mitarbeiter und es mir finanziell und moralisch einfach schlecht ging!)

Ich bin dann in ein Netzwerk eingetreten, wo es um Empfehlungen unter Unternehmern ging und wo man sich regelmäßig getroffen hat, um sich kennen zu lernen und sich vorzustellen!

Und das sollte mein Durchbruch werden. Ich bekam den nächsten Kunden, dann kurz darauf wieder den nächsten, dann wieder den nächsten und es ging so weiter.

Ich bin dann zu immer mehr Unternehmertreffen, Netzwerkveranstaltungen und Bussineslunches gegangen und langsam kannten mich die Leute, langsam wurde ich erfolgreich! Und nur ein Jahr später war ich bis auf die letzte Stunde ausgebucht, ich war sogar überbucht, machte in einer Sechstagewoche teilweise bis zu 30 Personaltrainings. Aber hey, ich machte die Leute dünn!

Ich hatte es geschafft, ich war ein ausgebuchter und erfolgreicher Personal Fitnesstrainer! GEIL!!!! Ich lebte tatsächlich meinen Traum!!!

„Wer Dinge
haben möchte
die er noch
nie hatte, muss
Dinge tun,
die er noch
nicht getan hat!

Einige Jahre lang hatte ich es so schwer gehabt, und nun war ich innerhalb eines Jahres so krass ausgebucht, dass ich mir Gedanken über Mitarbeiter machen musste! **Und das alles durchs Netzwerken!**

Was ich damit sagen möchte: Ich hatte es unfassbar schwer, selbstständig als Personaltrainer zu werden. Aber ich habe es geschafft!!! Diese Zeit hat mich ziemlich geprägt und hat mich sehr viel gelehrt, hat mich demütig gemacht und hat mir gezeigt, dass ich zu sehr viel mehr in der Lage bin, als ich es mir hätte vorstellen können.

Ich will damit nicht sagen, dass jeder ein paar Jahre durch die Scheiße robben muss. Und auch wenn es sicher nicht lustig war, das Ganze hat mich sehr viel stärker gemacht und war im Nachhinein eine sehr wertvolle Zeit und Erfahrung für mich!

Wenn du dich gerade genauso fühlst und in einer ähnlichen Position bist wie ich damals, möchte ich dich ermutigen und fordere dich auf, weiterzumachen und deine Ziele zu verfolgen. Du wirst es nicht bereuen!

Ich war nun sehr gut ausgelastet, wenn nicht sogar von der Anzahl der Trainingseinheiten überlastet. Also stellte sich mir die Frage nach Mitarbeitern. Ich dachte, dass man Mitarbeiter in dieser Branche doch gar nicht einstellen kann, wenn man kein eigenes Personaltrainingsstudio hat. Und außerdem dachte ich, dass die einem doch die Kunden klauen, alles auf eigene Faust machen und mich als Chef abzocken!

Das habe ich einem damaligen Kunden und heute guten Freund erzählt, der mir eine wirklich wichtige Frage gestellt hat: *„Ist das wirklich so, Jari?"*

Ich dachte, ja, so ist das! Man wird auf dieser Welt abgezockt und von seinen eigenen Mitarbeitern verarscht! Aber nein, meinte mein Kunde damals, wenn du glaubst, dass es funktionieren kann, dann wird es das auch!

Dann kannst du Trainer einstellen, die dich unterstützen, die dich entlasten und dein Geschäft nach vorne bringen! Inzwischen habe ich richtig gute Mitarbeiter, die Personaltraining für mich geben, auf die ich mich verlassen kann, und die mir sehr wertvoll und ans Herz gewachsen sind.

Mit diesem Buch will ich dir Ratschläge, Skills und Tipps an die Hand geben, wie du das Optimale aus dir, deinen Kunden und deinem Business herausholst! (Wenn ich in Zukunft vom Kunden spreche, meine ich natürlich auch die Kundin.) ;-)

Viel Spaß dabei!

Jedes gute Personaltraining beginnt mit einer ausführlichen Anamnese

KAPITEL 2

Wenn du schon Fitnesstrainer bist und schon in einem Fitnessstudio oder Ähnlichem arbeitest, weißt du sicherlich, dass man die Kunden, bevor man einen Trainingsplan erstellt, durchchecken muss.

Das heißt also, dass du dir ein festes Schema zur Anamnese ausarbeiten solltest. Und dass du diese unbedingt vor jeder Trainingsbetreuung erheben musst! Denn ansonsten kannst du kein individuelles und optimales Training anbieten.

Die Anamnese ist absolute Pflicht, sonst kann es passieren, dass du Dinge machst, die deinem Kunden mehr schaden als guttun.

Ich habe mir am Anfang aus ein paar Studios die Anamnesebögen mitgenommen und mir daraufhin einen eigenen erstellt. Wenn du in keinem Studio arbeitest und du auch keine anderen Trainer kennst, die dir eine Anamnese besorgen können, dann suche dir eine aus dem Internet heraus, vervollständige sie nach deinen Richtlinien und mache deine eigene daraus.

Versuche möglichst viel über deinen Kunden zu erfahren, nicht nur körperliche Dinge, sondern auch Sachen wie Hobbies, Vorlieben, Schlafverhalten oder wie er sich entspannen kann. Je besser du deinen Kunden kennst, umso besser kannst du auf ihn eingehen und ihn betreuen.

Wenn ihr nun ein paar Monate trainiert habt und eine Verbesserung des Gesundheitszustandes deines Kunden eingetreten ist, musst du die Anamnese wiederholen. So können die neuen Fortschritte und Erfolge dokumentiert werden und du kannst dein Training erneut anpassen.

Es ist super wichtig, deinem Kunden zu zeigen, dass das Training mit dir etwas bringt, dass sein Körper sich verändert und dass du ihm guttust!

Frag ihn auch ab und zu im Training, ob er schon eine Veränderung spürt, ob die Schmerzen im Rücken, im Knie oder in der Schulter weg sind, ob er mehr Energie hat und ob er zufrieden mit seiner Entwicklung ist.

Diese Fragen und Feststellungen sind super wichtig! Deine Kompetenz wird dadurch gestärkt und dein Kunde wird dir noch mehr vertrauen!

Wenn du einen Klienten fragst, ob sich etwas verbessert hat, und er nein sagt, du aber trotzdem das Gefühl hast, dass er sich verbessert hat, mache eine neue Messung mit ihm. Das können Gewicht, Körperumfänge sein oder Leistungen wie die Anzahl der geschafften Liegestützen, die Laufdistanz etc.

Manche Menschen, insbesondere z. B. Geschäftsführer, sind sehr zahlenorientiert und müssen Dinge am besten schwarz auf weiß sehen, damit sie etwas damit anfangen können. Nutze diese Eigenschaften, um deinem Kunden zu zeigen, was er leisten kann. Nichts motiviert mehr als Erfolg!!!

Was sonst noch vor einem Training zu beachten ist:

Ein weiterer wichtiger Punkt vor Beginn des Trainings ist, dass du deinen Kunden unterschreiben lässt, dass das Training auf eigene Gefahr läuft und du zu keiner Zeit für irgendwelche Dinge wie Verletzungen etc. haftbar gemacht werden kannst.

Ich habe noch nie erlebt, dass ein Kunde nicht unterschreiben wollte oder ich erstmal meine Überredungskünste spielen lassen musste.

Mach das unbedingt, denn wenn dein Kunde sich unter deiner Anleitung verletzt und Schmerzen oder einen lang bleibenden Schaden erleidet, dann kann es sein, dass er dich dafür belangen möchte. Und das kann ziemlich teuer werden.

Es gilt als professioneller Trainer natürlich, diese Dinge zu verhindern. Aber es muss ja nicht einmal deine Schuld sein. Da kann es ausreichen, dass du anwesend bist, wenn ein Schaden eintritt, der aber nicht direkt durch dich verursacht wurde. Und obwohl du deinem Kunden nur Gutes tun wolltest, kann es sein, dass er dies in einem Schadensfall nicht so sieht.

Eine Vorlage für ein Formular dieser Art findest du hier:

HAFTUNGSAUSSCHLUSS

Hiermit erkläre ich, ... ,
dass ich das Training mit Jari Fastner freiwillig und auf eigene Verantwortung aufnehme und durchführe.

Ich fühle mich sowohl körperlich als auch geistig gesund und verpflichte mich, den Anamnesebogen wahrheitsgemäß und vollständig auszufüllen, sowie auch über die mir bekannten Krankheiten selbstständig Auskunft zu erteilen.

Bei plötzlichen Befindlichkeitsänderungen wie Übelkeit, Schwindel oder Schmerzen jeglicher Art werde ich sofort den Trainer unterrichten und gegebenenfalls das Training abbrechen.

....

Ort, Datum Klient

Wie ein Personaltraining aufgebaut wird

KAPITEL 3

Ich erinnere mich noch genau an mein erstes Personaltraining. Ich war extrem aufgeregt, hatte wirklich jedes einzelne Detail bis ins Kleinste ausgearbeitet, jede Eventualität in Betracht gezogen und alles haargenau geplant.

Ich hatte mir schon oft vorher überlegt, wie ich mein erstes, bezahltes Personaltraining überstehen würde und wie es sich wohl anfühlen wird.

Auch wenn das schon viele Jahre zurück liegt, würde ich immer noch behaupten, dass es eine gute Stunde für den Kunden war, dass er sich wohl und gut aufgehoben gefühlt hat.

Ich habe auf meinen Notizzettel, den ich mit in das Training genommen habe, letztendlich viel zu viel aufgeschrieben. Wir haben vielleicht gerade mal die Hälfte von dem geschafft, was ich eigentlich vorhatte. Aber das machte nichts, denn es hatte ihm gefallen.

Früher hab ich wirklich jede Stunde genau ausgearbeitet, vorher alles aufgeschrieben und bin dann mit dieser Vorbereitung in meine Personaltrainings gegangen.

Im Laufe der Jahre habe ich aufgehört, mir Spickzettel zu schreiben, denn ich brauchte sie irgendwann nicht mehr. Mit der Zeit habe ich meine Klienten und ihre Fähigkeiten gut kennen gelernt und mir dann vorher nur noch grob überlegt, was ich mit ihnen mache: Welches Gerät ich mitnehme, was für ein Warm-up ich mache und welche Muskeln trainiert werden sollen.

Wenn du deinen Kopf im Personaltraining nicht ganz so sehr anstrengen möchtest und allgemein noch etwas unsicher bist, dann schreibe dir auf jeden Fall genau auf, was du mit deinem Kunden vorhast.

Ich glaube aber nicht, dass es immer notwendig ist, jede Stunde bis ins kleinste Detail auszuarbeiten, denn wenn du deinen Kunden kennst und er schon lange mit dir trainiert und du schon über 1000 Stunden gegeben hast, dann hast du das auch so ganz gut im Griff.

Oft ist es auch so, dass du dir genau überlegt hast, was du mit deinem Trainee machen möchtest. Dann kommst du zu ihm und er erzählt dir, dass er heute dies und jenes nicht machen kann, weil er gerade ein bestimmtes Problem habe. Und was ist dann? Dann musst du erstmal improvisieren und dir deine Übungen aus den Fingern saugen. In meinen Augen macht es jedoch einen sehr guten Personaltrainer aus, wenn er sofort andere oder alternative Übungen parat hat und anwenden kann.

In der Regel sollte das Training immer aus drei Komponenten bestehen: Ausdauer, Kraft und Beweglichkeit! Denn wenn du immer nur Krafttraining mit deinem Kunden machst, kannst du nie von allgemeiner Fitness sprechen.

Ein Marathonläufer ist super gut in Sachen Ausdauer, hat aber null Kraft. Und ein Bodybuilder ist super stark, kann aber kaum in den dritten Stock hoch laufen.

Wir als Personal Trainer haben zu 90% Gesundheitssportler als Kunden und diese wollen für den Alltag fit gemacht werden, wollen leichter durch den Tag kommen, wollen keinen Herzinfarkt, Diabetes oder Schlaganfall bekommen. Sie trainieren meistens nicht mit uns, weil sie durch die Anden laufen wollen.

Wenn du ein wirklich gutes Training anbieten willst, lass dich nicht vom Kunden überreden, ein einseitiges Training durchzuführen.

Wenn du jetzt denkst: „Der Kunde ist König“, dann hast du nur zu einem gewissen Teil recht. Ja, der Kunde bezahlt dich, damit du ihn fit und gesund machst, aber wie man fit und gesund wird, weißt du als Trainer immer noch am besten. Und daher musst du mit ihm wirklich ehrliche und ernsthafte Worte sprechen. Du musst ihm sagen, dass das Training, so wie er es sich vorstellt, nicht optimal ist und du ein besseres und professionelleres Training mit ihm machen kannst.

Wenn er jetzt weiterhin wirklich nur ein Ausdauer- oder nur Krafttraining mit dir machen möchte, kannst du das Training natürlich trotzdem annehmen, du musst ihn aber dann darauf aufmerksam machen, dass dieses Training einseitig ist und du ein deutlich besseres und effektiveres mit ihm durchführen könntest.

Ich fasse zusammen: Beziehe immer Ausdauer, Kraft und Beweglichkeit in deine Stunden mit ein, ansonsten kannst du nicht von allgemeiner Fitness sprechen.

Wie ein Training an sich aufgebaut ist, weißt du ja wahrscheinlich schon. Erst kommt das Warm-Up, dann der Hauptteil und dann das Cool-Down. Das sind Basics und ich setze voraus, dass du diese Dinge weißt. Ich will dir jetzt ein paar Tipps geben, wie du das Ganze genauer gestaltest und was du hier alles machen und einbauen kannst.

VARIANTE 1:

Sehr viele meiner Kunden boxen gerne und daher bringe ich Pratzen mit Handschuhen mit. Wenn du das auch machen möchtest, achte bitte darauf, dass die Handschuhe/Bandagen möglichst schnell an- und wieder ausgezogen werden können, denn sonst geht zu viel Zeit verloren. Das Boxen kannst du 10–30 Minuten machen, je nachdem, wie der Kunde Spaß hat und was du sonst noch auf dem Zettel oder im Kopf hast.

Anschließend geht es weiter in den Kraftteil: Du machst mit ihm Kraftübungen auf der Matte, auf dem Rasen oder an den Geräten.

Wenn du nur noch 5–10 Minuten übrig hast, gehst du in das Cool Down und gehst in den Beweglichkeitsteil über. Hier ist der Kunde passiv und du bist aktiv. Du dehnst den Kunden von Kopf bis Fuß durch, machst Entspannungsübungen, aktive Regeneration der Bandscheiben oder andere Lockerungsübungen.

Am Ende einer Stunde schließt du das Ganze mit einem: „Wir sind fertig" ab und der Kunde weiß, dass er entlassen ist.

VARIANTE 2:

Du gehst mit deinem Kunden walken oder joggen, wenn er Lust darauf hat. Es kann auch sein, dass er ein Laufband oder andere Ausdauergeräte hat, die du dann natürlich auch mit einbauen kannst.

Dann gehst du in den Kraftteil über und kannst wieder auf der Matte, im Freien oder an Trainingsgeräten mit deinem Klienten Übungen machen. Zum Schluss gehst du wieder in die Entspannung und dehnst deinen Kunden, wie in Variante 1 bereits erklärt.

VARIANTE 3:

Dein Kunde hat keine Lust auf Ausdauersport oder Boxen, will nicht raus und hat auch kein Laufband oder einen Crosstrainer.

Dann kannst du mit ihm auch ein anderes Warm-up machen. Du kannst mit ihm Ausfallschritte, Kneelifts, Leg-Curls oder andere Ganzkörperübungen machen, um ihn aufzuwärmen. Das dauert ca. 10 Minuten. Dann gehst du in das Krafttraining über und hängst am Schluss noch die Dehnung mit dran.

In der letzten Variante hast du natürlich nicht wirklich einen Ausdauerteil dabei, aber ich will dir damit zeigen, dass du deinen Kunden auch ein bisschen austricksen kannst.

Wenn dein Kunde wirklich kein Ausdauertraining machen möchte und du aber der Meinung bist, dass es wirklich wichtig für ihn ist, dann kannst du in den Kraft-/Cardio-Bereich mit ihm gehen. Das bedeutet, dass du die Wiederholungszahl der einzelnen Übungen etwas höher schraubst, die Übungen aber nur bis 100% Anstrengung machen lässt und nicht bis 110%. Du lässt ihn einfach keine Pause machen, sondern trainierst ihn so, dass der Körper die ganze Zeit am Brennen ist und der Puls dauerhaft oben bleibt. Das kannst du natürlich nur machen, wenn du deinen Kunden gut kennst, er keine schlimmeren Herz-Kreislauf-Erkrankungen hat und im Großen und Ganzen gesund ist.

Dann gibt es noch die drei Ebenen, die du zur Abwechslung mit einbeziehen kannst: Stehen, Sitzen, Liegen. Du musst nicht immer alle

Ebenen in eine Stunde packen, aber meistens läuft es bei mir darauf hinaus, dass es doch so ist.

Ich fange meistens im Stehen an, trainiere zum Beispiel die Beine mit einer Kniebeuge oder Ausfallschritt, dann geht es weiter in den Sitz. Hier nehme ich, was der Kunde gerade da hat, ob es ein Hocker oder ein Stuhl mit Lehne ist, spielt dabei keine Rolle.

Wenn wir mit der sitzenden Ebene durch sind, geht es weiter auf den Boden, bis wir schließlich fertig mit dem Training sind und wir in die Entspannung gehen können. Diese findet ja auch auf der Matte statt, so dass die Position nicht mehr großartig gewechselt werden muss. Dies empfinde ich insgesamt als die optimale Lösung. Aber auch ich variiere hier, denn wenn man zwar die Übungen wechselt, aber immer den gleichen Ablauf hat, kann es trotzdem irgendwann zu eintönig für den Kunden werden.

Ab und zu muss man auch mal Dinge machen, die der Klient nicht erwartet, die sein Gehirn fordern und ihn in unbekannte oder nicht erwartete Situationen bringen.

Im Laufe der Jahre habe ich festgestellt, dass man seine Kunden auch wie kleine Kinder erziehen kann. Denn das Gute heutzutage ist, dass die meisten Menschen in Deutschland noch nie einen Personaltrainer gehabt haben und gar nicht wissen, wie genau so etwas abläuft und was gut bzw. was schlecht ist. Sie haben überhaupt keinen Vergleich zu anderen Personaltrainings, können darüber also gar nicht richtig urteilen.

Das macht es uns relativ leicht und wir können als Trainer meist selber entscheiden, was wir mit unseren Kunden tun oder lassen.

Wenn du Anfangs zum Beispiel immer ein Handtuch und Wasser stellst und das irgendwann nicht mehr machst, werden sie trotzdem ihr Handtuch oder Getränk fordern, auch wenn das nicht so vereinbart, sondern ein zusätzlicher, freiwilliger Service von dir war.

Wenn dein Kunde jetzt auch noch erfahren sollte, dass ein anderer Trainer das macht, du aber nicht, wird er nicht gleich wegen so einer Kleinigkeit das Training mit dir aufgeben und zu einem anderen Trainer wechseln. Aber was ich dir damit sagen will, ist, dass du von vorne herein genau wissen solltest, was du mit deinem Kunden machen möchtest, was du ihm anbietest und was nicht. Denn was du einmal gemacht hast, wird dein Kunde weiterhin von dir verlangen.

Ausdauer und Kraft

KAPITEL 4

Da ich nicht wirklich auf das Fachliche im Sport eingehen möchte, sondern eher auf das, was einen guten Personaltrainer ausmacht und wie man mit dem Kunden umgeht, bzw. sich verkauft, will ich dieses Kapitel recht kurz halten.

Ich habe im Laufe der letzten Jahre sehr viele Personaltrainer kennen gelernt und musste feststellen, dass sich die meisten sehr viel mehr mit Krafttraining auskennen und eher weniger mit Ausdauertraining.

Was ich als sehr schlimm empfinde! Daher hier meine Empfehlungen zum Ausdauertraining: Wichtig ist, dass wir das Ausdauertraining unserer Kunden steuern können und das geht am besten mit einer Pulsuhr. Diese Uhr muss bitte unbedingt einen Pulsgurt haben, ansonsten ist sie leider unzuverlässig und ungenau.

Jeder Mensch ist individuell und hat unterschiedliche Trainingszonen, wo entweder Fett oder Kohlenhydrate verbrannt werden. Um genau zu wissen, in welchem Bereich unser Kunde nun ist, müssen wir erstmal wissen, wo genau seine individuellen Zonen sind. Das Ganze kann man nur mit der „Karvonenformel“ berechnen (siehe Anhang), dies kann man auch die Pulsuhren selber ausrechnen lassen. Die guten Uhren können heutzutage schon anhand von Geschlecht, Alter und Trainingszustand ausrechnen, in welchen Bereichen der Körper Fett oder Kohlenhydrate verbrennt.

Wenn du also mal wirklich professionell und individuell, so wie Personaltraining nun mal ist, arbeiten möchtest, musst du deinen Kunden ein paarmal mit Pulsuhr laufen, rudern, radfahren oder schwimmen lassen.

Wenn ihr das einmal zusammen gemacht habt und du gesehen hast, wie schnell dein Kunde läuft und wie es ihm in den einzelnen Zonen geht, dann kannst du es die nächsten Male auch selber ganz gut einschätzen und musst die Pulsuhr nicht mehr unbedingt verwenden.

Um es dir leichter zu machen, deinen Kunden einschätzen zu können, hast du hier ein paar Tipps:

- Lass deinen Kunden während des Ausdauertrainings sprechen, denn wenn er es noch gut kann, weißt du, dass er im Fettverbrennungsstoffwechsel ist.
- Achte auf die Atmung deines Kunden. Wenn er zu laut atmet, bist du zu schnell und er verbrennt kein Fett mehr.
- Achte auf die Gesichtsfarbe deines Kunden. Wenn er zu rot im Gesicht ist, bist du zu schnell.
- Gucke dir immer wieder seine Lauftechnik während eurer Einheit an. Wenn er nicht mehr sauber läuft, bist du zu schnell.

Beim Krafttraining solltest du bitte immer Übungen auswählen, die möglichst große und viele Muskeln gleichzeitig trainieren (Muskelschlingenübungen).

Mache am besten immer beide Extremitäten gleichzeitig und nicht erst Bizeps-Curl rechts und dann Bizeps-Curl links. Das ist nämlich kaum effektiver, als wenn du beide parallel trainierst, denn so schaffst du viel mehr in einer Stunde und du kannst deinen Kunden besser fordern. Es ist nicht so, dass ich nie beide Arme oder Beine hintereinander trainiere würde, aber versuche es zu vermeiden, denn wir wollen immer das Optimalste aus unserem Klienten herausholen und ihn so schnell es geht an sein Ziel bringen. Denn dafür sind wir da.

Wenn du dir mehr Fachwissen aneignen möchtest, kann ich dir meinen Youtubekanal **„Jari Fastner Personal Fitnesstraining“** empfehlen. Hier bekommst du wirkliches Fachwissen, das du eins zu eins bei deinen Kunden anwenden kannst.

Mehr möchte ich zu Kraft und Ausdauer gar nicht sagen, denn ich setze voraus, dass du dich im Bereich Trainingslehre auskennst und schon diverse Lizenzen und Kurse gemacht hast oder sie gerade machst.

Es geht hier nicht um Fachwissen, es geht hier darum, dass du lernst, was du machen musst, um ausgebuchter Personaltrainer zu werden.

Hands on

KAPITEL 5

Hands on ist eine immer wieder gefragte Situation im professionellen Personaltraining. Aber was ist das überhaupt? Mit „Hands on" bezeichnet man die Griffe, die man zur Korrektur der Übungen am Klienten nutzt, ihn also anfasst und so verbessert.

Wenn ich ab und zu Personaltrainer teste, ob sie für mich arbeiten können, stelle ich immer wieder fest, dass die Korrektur zu zaghaft oder zu unsicher ausgeführt wird. Sie trauen sich nicht richtig, den Kunden anzufassen und in die richtige Position zu führen. Auch klare Ansagen sind hierbei sehr wichtig.

Ich sehe es auch oft im Fitnessstudio, wenn ich dort privat trainiere und die Trainer auf der Fläche beobachte. Die Trainer geben oftmals keine richtig klaren Anweisungen an den Kunden weiter. Und das „Hands on" wird hier häufig mit viel zu wenig Druck ausgeübt, die Kunden werden fast schon „gestreichelt".

Wenn man jemanden, der bisher überhaupt keinen Sport gemacht hat und sich allgemein sehr wenig bewegt, sagt: „Mach mal den Rücken gerade", dann hat der oft gar keine Ahnung, wie man den Rücken wirklich gerade macht, wie das aussehen und sich anfühlen soll. Hier ist ein richtiges „Hands on" sehr wichtig, so dass der Kunde ein Gefühl für die richtige Ausführung bekommt.

Außerdem ist die Stimme auch ein ganz wichtiges Element, um klare Anweisungen zu geben. Ist die Stimme agil, klar und umgangssprachlich, ist es für den Trainee viel leichter zu verstehen, als wenn der Trainer mit leiser, unsicherer und klappriger Stimme spricht.

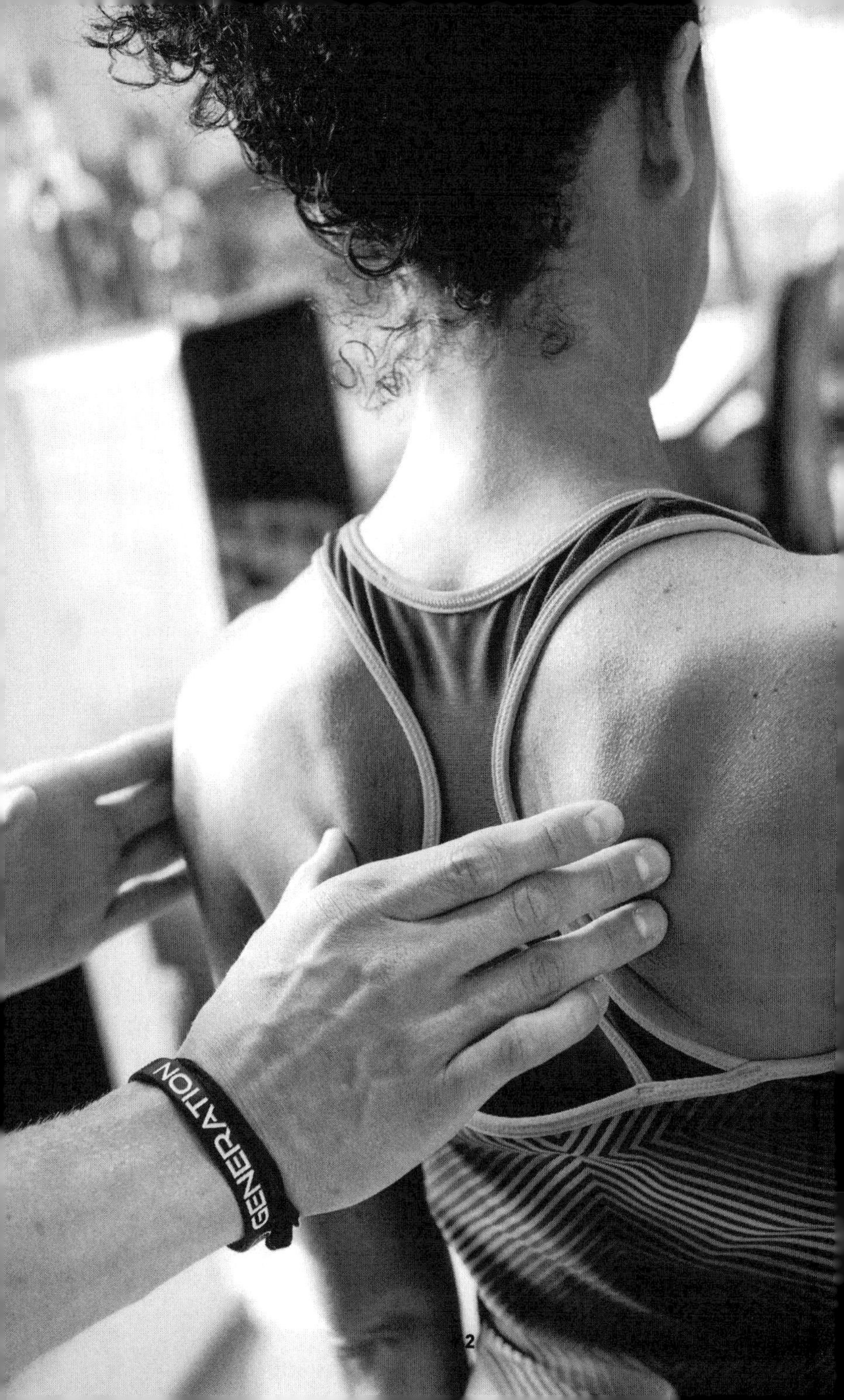
GENERATION

Ich gebe dir ein Beispiel: Der Kunde soll im Stehen den Rücken gerade strecken: Meine Anweisungen: „Einmal hinstellen bitte, Füße hüftbreit und parallel, Oberkörper aufgerichtet, Schulterblätter ziehst du bitte Richtung Wirbelsäule." Währenddessen fasse ich mit meinen Daumen und Zeigefingern an die Schulterblätter und ziehe diese mit Druck in die Richtung, in die ich sie haben will. Die Schultern bitte unten lassen, sonst verspannt der Nacken!

Genau das sind immer wieder meine Worte, wenn der Kunde in eine aufrechte Position kommen soll. Das läuft bei mir inzwischen wie ein Tonband ab und ich muss mich nicht mal mehr darauf konzentrieren.

Wenn ich möchte, dass der Kunde das rechte Bein anhebt, dann ticke ich das zu hebende Bein mit meiner Hand immer kurz an, denn dann muss der Kunde nicht nachdenken, wo jetzt eigentlich rechts oder links ist. Das macht dem Kunden das Training deutlich leichter und angenehmer.

Es gibt auch viele Menschen, die z.B. eine Rechts-Links-Schwäche haben. Wenn ich sie dann immer wieder in die Situation bringe, erstmal überlegen zu müssen, was genau ich von ihnen möchte und nicht nur die richtige Ausführung, sondern auch die Wahl der richtigen Seite Schwierigkeiten macht – und das dann auch noch bei maximaler körperlicher Anstrengung –, dann überfordert das viele Menschen und macht das Training unnötig anstrengend.

Wenn der Kunde in die physiologische Schwingung der Lendenwirbelsäule gehen soll (Lordose): Ich fasse dann mit meinem Daumen und Zeigefinger längs auf den Rückenstrecker und ziehe diese zusammen, so wie der Muskel sich bei der Kontraktion bewegt. Damit der Kunde ungefähr weiß, was ich als Trainer von ihm verlange und er sich ungefähr vorstellen kann, wo die Reise hingehen soll.

Wenn ich von Lordose in der Lendenwirbelsäule spreche, dann benutze ich das Wort Hohlkreuz, auch wenn das nicht der richtige Begriff dafür ist, denn ein Hohlkreuz ist eine Hyperlordose. Aber die meisten Kunden wissen so eher, was ich von ihnen möchte.

Wenn ich beim Boxen mit einem Kunden einen Aufwärtshaken machen will, dann sage ich: „Bitte den Handrücken so zu mir halten, als wenn du mir deinen Mittelfinger zeigen würdest."

Das versteht jeder Kunde! ;-)

Allgemein ist es im Personaltraining wichtig, dass wir nicht so viele Fachbegriffe benutzen, denn das interessiert so gut wie keinen Kunden. Wie der Muskel auf Latein heißt oder ob die Bewegung eine Retroversion oder eine Flexion ist, muss der Kunde nicht wissen.

Selbst wenn es ein Arzt ist oder jemand, der sich ein bisschen in dem Bereich auskennt, ist das meist unnötiges Gequatsche. Die Klienten wollen Spaß in deinen Stunden haben, wollen ein gutes Gefühl mit deiner Arbeit und mit dem Sport verbinden. Und vor allem wollen sie an ihr Ziel kommen! Das ist die absolut wichtigste Aufgabe in unseren Personaltrainings.

Fasse den Kunden nicht zu zaghaft an, sondern gib ihm mit klarer Stimme und kräftigen Händen die Richtung vor. Übertreibe es nicht mit der Kraft, denn er soll ja keine blauen Flecken von sich tragen, das wäre nicht die beste Werbung für dich! ;-)

Versuche außerdem so wenige Übungen wie möglich vorzumachen, nutze das „Hands on" und deine Stimme! Denn damit hast du viel Ausdruckskraft.

Und genau das unterscheidet uns Personaltrainer von anderen Fitnesstrainern. Ein Fitnesstrainer ist jemand, der vormacht und alle anderen machen nach. Ein Personaltrainer kriegt alles mit richtiger Ausdrucksweise und seinen Händen hin. Wenn du ein wirklich guter Personaltrainer werden willst, kriegt dein Kunde so gut wie jede Übung hin, ohne dass du auch nur eine Übung vormachen musst.

Natürlich gibt es immer mal wieder ganz besonders begriffsstutzige Bewegungslegastheniker, die wirklich nicht mal den Ansatz einer Ahnung haben, was du eigentlich von ihnen willst. Hier sollte man dann wirklich mal eine Übung vormachen und zeigen, wie es richtig geht.

Ja, solche Kunden gibt es tatsächlich auch! Und du solltest dich auch nicht wundern, wenn man z.B. nur den rechten Arm trainiert hat und dann gefragt wird: „Was kommt jetzt?"

Kunden, die tatsächlich auch nach mehreren Wiederholungen, Sätzen und Trainingseinheiten immer noch nicht blicken, dass sie jetzt den linken Arm trainieren sollen! Aber was soll's? Genau dafür sind wir da! :D So weiß man immerhin schon frühzeitig, welche Frage der Kunde als nächstes stellt! ;-)

Kommunikation: Du kannst nicht nicht kommunizieren

KAPITEL 6

Was meine ich damit? Jede Aktion, jede Bewegung, jede Mimik, jede Gestik ist Teil der Kommunikation. Es ist nicht nur das gesprochene Wort. In den meisten Fällen läuft dieser Teil der Kommunikation unbewusst ab. Wenn du dir das jedoch bewusst machst und dich nicht alleine auf das, was du sagst, konzentrierst, dann kannst du hieraus einen sehr großen Nutzen ziehen.

Ich habe es im Laufe der Jahre geschafft, dass von den Kunden, die bei mir angefangen haben zu trainieren, so gut wie keiner wieder aufgehört hat. Wenn ich einen Kunden erstmal hatte, ließ ich ihn so schnell nicht mehr los! ;-)

Wenn ich das Wesentliche in einem Satz beschreiben müsste, was dich zu einem erfolgreichen Personaltrainer macht, würde ich sagen:

Der Kunde muss mit dir auf menschlicher Ebene klarkommen und muss seine Ziele erreichen!

Das ist kriegsentscheidend, denn es ist egal, ob du mit ihm rudern, laufen, joggen, oder schwimmen gehst, ob du Kraftsport oder andere Dinge mit ihm machst! Solange der Kunde mit dir Spaß hat und an das Ziel kommt, wofür er dich eben gebucht hat, dann hast du zu 100% gewonnen! Um das zu erreichen, gibt es verschiedene Möglichkeiten der Kommunikation, die es dir sehr viel leichter machen. Im Folgenden werde ich dir davon erzählen.

Lasse deinen Kunden reden: Es ist unglaublich wichtig, dass du deinen Kunden erzählen lässt. Es ist für jeden Menschen super angenehm, wenn er über sich und seinen Tag erzählen kann. Es gibt dem Kunden ein gutes Gefühl. So verankerst du in dem Moment bei deinem Kunden ein gutes Gefühl in Verbindung mit dir! Aber zum Ankern kommen wir später noch.

Auf diesem Wege kommt es dann im Verlauf dazu, dass dein Kunde ein angenehmes Gefühl allein mit dir und deiner Anwesenheit empfindet, also wenn er dich sieht und mit dir trainiert! So freut sich dein Klient jede Woche wieder auf sein Training, auch wenn das Training an sich super anstrengend und fordernd ist.

„Gebe deinem Trainee ein gutes Gefühl im Training und er wird dich nicht mehr loslassen wollen!

Eigentlich ist dies ja eine unlogische Situation. Das Training mit dir ist anstrengend, sehr fordernd und trotzdem freut er sich drauf und fühlt sich wohl. Aber deine Kunden haben dich gebucht, weil sie es alleine nicht schaffen, so weit mit sich zu gehen, also keinen inneren Antrieb haben. Auf diese Art machst du es ihnen leichter. Genau das, was sie alleine nicht hinbekommen, ist jetzt etwas, auf das sie sich freuen!

Ergänze das Zuhören durch folgende Dinge:

Interessiere dich für deinen Klienten, merke dir Sachen, die er dir im letzten Training erzählt hat und frage ihn beim nächsten Mal, wie sie gelaufen sind. Was ist gut gelaufen? Was ist schlecht gelaufen? Was hätte er besser machen können? Frage ihn möglichst detailliert, wie seine Erlebnisse in der letzten Woche waren. Oft bietet das Thema Arbeit sehr viel Gesprächsstoff, weil unsere Kunden hier sehr viel Zeit investieren. Du kannst aber auch nach ihrer Familie oder nach Ihren Hobbys fragen.

Ich habe einen Klienten, der angefangen hat, professionell zu schießen. Mit ihm rede ich so gut wie ausschließlich über sein Schießtraining und seine Wettkämpfe. Es macht ihm einfach Spaß, wenn er darüber reden kann. So spricht er mit jemandem über die schönen Dinge in seinem Leben.

Und wenn du dir eben solche Dinge merkst, Dinge, die der Kunde dir erzählt, die ihm wichtig sind, und du ihn eine Woche später danach fragst, wird er sich sehr darüber freuen, denn es ist ein Zeichen von ehrlichem Interesse. Und es ist auch ein Zeichen von Wertschätzung und Respekt dem anderen gegenüber.

Nimm dir außerdem nach der Stunde gerne nochmal 2–5 Minuten Zeit und rede mit deinem Kunden über weitere Ziele, Ernährungstipps und andere Dinge, die ihr zusammen oder er alleine umsetzen soll. Er weiß, dass er dich für die Stunde bezahlt hat. Wenn du dir nun ein paar Minuten zusätzlich nimmst und mit ihm seine Wochenziele und Aufgaben besprichst, dann zeigt das eben auch, dass du großes Interesse an ihm und seinen Zielen hast. Du nimmst dir sogar „unbezahlte Extrazeit". Dein Kunde wird es zu schätzen wissen, auch wenn er es nicht unbedingt sagen oder vielleicht auch nicht mal bewusst bemerken wird. Er wird es dir trotzdem anerkennen, dass du dir diese Extrazeit für ihn genommen hast.

Und so kommt es, dass sehr viele meiner Kunden sehr wenig über mich und mein Privatleben wissen, obwohl wir uns schon einige Jahre kennen. Und das nicht, weil ich nichts aus meinem Privatleben erzählen würde, sondern weil es im Coaching wirklich zu 100% nur um den Kunden geht.

Es geht nicht darum, dass ich erzähle, wie mein Leben läuft, was ich am Wochenende gemacht habe oder wohin ich in den Urlaub fliege. Das ist keine freundschaftliche Veranstaltung, in der Geben und Nehmen normal und ausgeglichen sind. Nein, hier gibst du nur. Natürlich bekommst du Geld für dein Training, aber das meine ich damit nicht. Du gibst Aufmerksamkeit, hörst dir an, was dein Klient dir erzählen will, was er den Tag über gemacht hat und wie es ihm geht. Du zeigst letztendlich Interesse, wie es ein guter Freund machen würde. Der Unterschied ist, dass du hier dieses Interesse nicht zurück erwartest.

Und so kann für dich leicht das Gefühl aufkommen, dass es eine egoistische Beziehung zwischen dir und ihm ist.

Denn wenn du ein guter Trainer bist und die Stunden so absolvieren kannst, dass der Kunde immer von sich erzählen kann, dann wird er dich nicht fragen, wie es dir geht und was dich so beschäftigt. Das muss er aber auch nicht, denn dafür bist du nicht da! Du bist da, damit er sich wohl fühlt, damit er an sein Ziel kommt und dich mit etwas Positivem verbindet.

Ein Kunde hat zu mir mal gesagt, ich wäre sein „Goodfeel Manager!" Wenn man seinen Kunden so aufmerksam zuhört und immer wieder nachfragt, wie es ihnen geht, sie einen aber nicht fragen, dann kommt, auch wenn man weiß, dass es keine freundschaftliche Beziehung, sondern eine Trainer-Trainee-Beziehung ist, bei dir eventuell trotzdem leicht das Gefühl eines Ungleichgewichtes auf.

Ich selber hab mich anfangs oft gefragt, was ich eigentlich für egoistische Kunden habe. Ich bin dann aber nach dem Analysieren der einzelnen Situationen darauf gekommen, dass dies natürlich absolut okay ist. Dass es ein Zeichen für mich ist, dass ich einen guten Job mache. Behandle deinen Kunden wie einen Kunden und nicht wie einen Freund, Nachbarn oder Bekannten!

Fazit:
Lasse deinen Kunden möglichst viel sprechen, das wird ihm gut tun.
Sorge dafür, dass du nicht mehr als 30% der kompletten Stunde sprichst und lasse ihn die anderen 70% reden.
Dein Kunde ist kein Egoist, wenn er das so mitmacht, du bist dafür aber ein super Trainer, wenn du das schaffst!

Es gibt noch weitere Möglichkeiten deine Kommunikationsfähigkeiten auszubauen und sie für dich zu nutzen. Dazu ziehe ich gerne ein weiteres Tool heran, durch das du dich unabdingbar für deinen Kunden machst. Das sind die sogenannten Liebessprachen.

Nach dieser Theorie gibt es 5 verschiedene Arten einem Menschen zu sagen, dass man ihn gernhat. Dabei macht es keinen Unterschied, ob man ihn von ganzem Herzen liebt oder man einfach Sympathie für sein Gegenüber empfindet.

Sie kommen in jeder Art der Beziehung vor, z.B. in einer Liebesbeziehung, einer freundschaftlichen Beziehung oder einer familiären Beziehung. Und jeder von uns hat meistens eine Liebessprache, die er bevorzugt.

DIE 5 LIEBESSPRACHEN:

1. Anerkennung durch Worte

Mit dieser Liebessprache sagst du relativ schnell positive Dinge über andere Menschen, lobst viel und sprichst Gutes über sie aus!
Du bist jemand, der sehr schnell Gutes über Personen ausspricht, auch wenn du sie noch gar nicht so gut kennst.

Dies ist übrigens auch meine Liebessprache! Auch in meinem Job funktioniert das hervorragend!

2. Zärtlichkeit durch Berührung

Wenn dies deine Art der Liebessprache ist, bist du ein Mensch, der sehr gerne andere Menschen umarmt oder immer gerne auf Körperkontakt mit anderen Personen geht.
Somit zeigst du jemandem, dass er dir sympathisch ist und dass du ihn gern hast. Du legst gerne mal deinen Arm um deine Mitmenschen.

3. Geschenke

Bei dieser Liebessprache bringst du gerne anderen Menschen eine Kleinigkeit mit, wenn du sie besuchst.
Der Preis des Geschenks ist dabei nicht wichtig, Hauptsache es ist eine Kleinigkeit da, die überreicht werden kann.

Ein Beispiel in unserem Job hierfür wäre es, wenn dein Kunde dir öfter mal etwas schenkt, eine Flasche Wein oder wenn er im Großen und Ganzen eher großzügig ist, sei es mit Gegenständen oder Geld, weißt du sofort, was seine Liebessprache ist und wie du deine Sympathie zu ihm ausdrücken kannst!
Bringe ihm ab und zu mal etwas Kleines mit, wie zum Beispiel Superfood, das gut in seinen Ernährungsplan passt.

4. Hilfsbereitschaft
Wenn du oder dein Kunde diese Liebessprache hat, wird er dir vielleicht anbieten, bei irgendetwas zu helfen.
Oder wenn er Ahnung von Sachen hat, von denen du keine Ahnung hast (Papierkram wie Steuern, Finanzierung von Eigenheim etc.), wird er dir wahrscheinlich relativ schnell anbieten, da mal drüber zu schauen.

5. Zeit miteinander verbringen
Wenn die Liebessprache deines Gegenübers Zeit ist, wird er gerne Zeit mit dir verbringen wollen, denn sein Ausdruck von Zuneigung ist es, seine wertvolle Zeit mit dir zu teilen.

Das Wichtige hierbei ist, dass zwar alle fünf Liebessprachen eine gewisse Zuneigung aussagen, aber eben nicht jeder jede Sprache im gleichen Sinne nachvollziehen kann!

Meine Liebessprache ist wie gesagt die „Anerkennung durch Worte". Wenn du mehr Zeit mit mir verbringst, wirst du relativ schnell feststellen, dass ich sehr viele positive Dinge über mein Gegenüber sage. Ich hebe, auch wenn es nur Kleinigkeiten sind, viele Dinge hervor und spreche positive Eigenschaften über meine Mitmenschen aus! So funktioniere ich! Und genauso kann man auch mich erreichen. Wenn du öfter mal Dinge über mich sagst, die ich gut kann oder die dir an mir gefallen, wirst du mein Herz sehr schnell erobern und mir schnell sympathisch werden.

Wenn mein Klient jetzt aber nicht die Liebessprache „Anerkennung" hat, sondern „Geschenke" dann kann ich ihm noch so viele gute Dinge über ihn sagen, z. B. dass er ehrgeizig ist, Willensstärke besitzt, zielstrebig ist oder er stolz auf sich sein kann. Er wird es aber nicht so gut verstehen. Es wird sein Herz nicht so sehr erreichen, als wenn ich es ihm in seiner Sprache zurückgebe, denn er funktioniert nicht so wie ich!

Ich müsste ihm einfach etwas schenken, denn das versteht er viel besser als irgendwelche Worte! Wir können also nicht immer von uns auf andere schließen, denn wir Menschen sind alle verschieden und nutzen unterschiedliche Liebessprachen. Wenn du dir das bewusst machst, dann kannst du es sehr gut nutzen. Finde heraus, welche Liebessprache dein

Gegenüber nutzt, wende sie bei ihm an und er wird dich besser verstehen! Er wird sich hierdurch sehr wohl im Umgang mit dir fühlen.

Wenn deine persönliche Liebessprache Zärtlichkeit ist und du deinen Kunden am Anfang des Trainings immer umarmst und allgemein sehr viel Körperkontakt suchst, um ihm so deine Zuneigung zu zeigen, er aber sowas gar nicht mag, wird er dich nicht verstehen. Er wird es vielleicht sogar merkwürdig oder unangenehm finden. Du kannst ihm somit nicht so gut helfen. Besser ist es, wenn du weißt, was seine Liebessprache ist und mit ihm in seiner Sprache sprichst.

Die Liebessprachen haben also sehr viel mit Kommunikation zu tun und können dir in deinem Job unglaublich weiterhelfen und deine Bindung zum Kunden extrem stärken!

Ich empfehle dir, nutze diese Techniken, um dich langfristig im Markt zu etablieren. Ich mache das schon seit Jahren und habe so gut wie keine Abgänger in meinem Training, außer ich beende das Training, weil der Kunde mich z.B. nicht mehr braucht, was ab und zu schon vorkommt.

Es gibt noch einen weiteren, wirklich wichtigen Teil der Kommunikation und Kundenbindung, den du dir zu Nutze machen kannst. Hierfür würde ich dir gerne von den so genannten Submodalitäten erzählen.

Aber was ist das? Die Submodalitäten bestehen aus fünf unterschiedlichen Teilen unserer Wahrnehmung bzw. aus unseren Sinnen. Wir Menschen arbeiten in der Regel mit allen fünf Sinnen und können alle ganz gut benutzen! Meistens ist aber einer von ihnen deutlich besser ausgeprägt als die anderen vier.

DIE SUBMODALITÄTEN

1. Auditiv (hören)

Wenn du auditiv geprägt bist, kannst du dir Dinge besser merken, wenn du sie hörst oder reagierst auf auditive Reize viel besser als auf andere. Auditive Menschen benutzen Sätze wie „Das hört sich gut an“ oder wenn sie mit Menschen reden, die einen anderen Dialekt haben oder einen Akzent, können sie sich sehr schnell auf die Sprache des Gegenübers einstellen.

Mein bester Freund zum Beispiel ist absolut auditiv geprägt. Er versucht z.B., mit meiner Mutter finnisch zu sprechen. Mit seiner Frau, die den schwäbischen Dialekt hat, versucht er immer, schwäbisch zu sprechen und mit den polnischen Mitarbeitern von seiner Baustelle versucht er immer, polnisch zu sprechen. Nichts davon klappt wirklich gut, das ist aber dabei gar nicht wichtig. Es ist aber absolut ein Zeichen dafür, dass er auf dem auditiven Kanal zu erreichen ist.

2. Visuell (sehen)

Die meisten Menschen sind visuell geprägt. Diese Menschen lernen durch Sehen und visuelle Reize. Bei ihnen muss Kleidung besser aussehen, als das sie warm hält, und bei ihnen ist das Aussehen des Autos wichtiger als die Kraft des Motors.
Ich selber bin auch absolut auf dem visuellen Kanal zu erreichen!

3. Kinästhetisch (fühlen)

Die Kinästheten sind die Gefühlsmenschen um uns herum. Ihnen ist wichtig, dass sich Dinge gut anfühlen.
Wenn ein Kinästhet ein Auto kaufen möchte, wird ihm z.B. die Farbe der Ausstattung nicht so wichtig sein wie zum Beispiel das Material des Sitzes. Wenn der Verkäufer das erkennt und gut darauf reagiert, dann wird er seinem Kunden erzählen, wie schön sich das Lenkrad anfühlt oder wie bequem die Sitze gemacht sind. Der Verkäufer würde seinen Kunden schlechter erreichen, wenn er nur vom Sound oder der hervorragenden Optik redet.

4. Olfaktorisch (riechen)

Das sind Menschen, die sehr auf Gerüche reagieren und eine sehr feine Nase haben. Hier ist es z.B. besonders wichtig, dass du immer frische Klamotten beim Training anhast!

5. Gustatorisch (schmecken)

Diese Personen legen sehr viel Wert auf das Schmecken und haben einen hervorragenden Geschmackssinn.
Ihnen ist Essen zum Beispiel super wichtig. Es muss unbedingt schmecken und sie reden sehr viel darüber.

Wie oben schon erwähnt, geht es hier ja um die Kommunikation zwischen dir und deinem Kunden. Es ist wichtig, dass du die Submodalität deines Kunden erkennst, denn so kannst du ihn viel besser erreichen und unterstützen. Er wird schneller verstehen, was du von ihm möchtest und kann es somit besser umsetzen. Genau wie der Autoverkäufer in meinem Beispiel, kannst auch du die Submodalitäten in deinem Training mit anwenden.

Ich will hier genauer auf drei der fünf Punkte eingehen: visuell, auditiv und kinästhetisch.

Wie schon erwähnt, bin ich selber total visuell geprägt. Meine Klamotten müssen eigentlich für mich nur gut aussehen, der Tragekomfort ist mir gar nicht so wichtig. Es ist mir auch nicht so wichtig, ob meine Wohnung jetzt praktisch eingerichtet ist oder nicht, Hauptsache sie sieht gut aus.

Wenn du so eine Person als Kunden hast und er verstehen soll, was du von ihm möchtest, dann musst du zum Beispiel fragen: „Wie sieht das für dich aus?“ bzw. „Sieht gut aus, oder?“.

Wenn du einen visuellen Menschen fragst, wie fühlt sich das an oder wie hört sich das für dich an, wird er dich nicht so gut verstehen. Du kannst es jetzt optimieren!

Wenn du einen auditiven Trainee hast und ihm etwas Wichtiges nahebringen möchtest, musst du fragen: „Wie hört sich das für dich an?“ oder „Hör mal!“. Er wird das deutlich besser verstehen, als wenn du fragst: „Wie sieht das aus?“.

Wenn du einen kinästhetischen Klienten hast, wird er viel besser auf Fragen reagieren wie: „Wie fühlt sich das für dich an?“ bzw. „Fühlt sich gut an, oder?“.

Mit solchen Fragen kann er viel besser umgehen und darauf eingehen als mit Fragen wie: „Hört sich gut an, oder?“ bzw. „Kannst du dir das bildlich vorstellen?“.

Wenn du nun die Liebessprache deines Kunden kennst und weißt, über welchen „Kanal“ du ihn erreichen kannst, also welche Submodalität ihn am ehesten anspricht, dann wird dein Kunde dich sehr gut verstehen. Nutze dies, um ihm gezielt klar zu machen, was wichtig ist, dass er ohne dich trainieren soll, dass er sich weiter gesund ernähren soll etc. Wenn du ihm diese Dinge „auf seine Art“ erzählst, wird er sie sehr gut verstehen und kann sie somit auch besser umsetzen.

Diese Techniken haben mir im Laufe der Jahre beruflich, aber auch privat, sehr viel mehr geholfen, als ich es mir hätte anfangs erträumen lassen. Ich rate dir wirklich, diese Tools zu lernen, sie zu beherrschen und zu nutzen. Es wird dein eigenes und das Leben deiner Kunden leichter und erfolgreicher machen.

Du beherrscht jetzt die Liebessprachen und du kannst die jeweilige Submodalität deines Kunden ansprechen. Wenn du es auf die Spitze treiben willst, könntest du sogar von Manipulation reden. Aber ich sage dir: Jede Art von Kommunikation ist Manipulation! Man kann das Ganze im Guten wie auch im Schlechten anwenden. Ich schreibe das hier auf, weil ich möchte, dass du deine Kunden nach vorne bringst. Ich möchte, dass du ihnen so ein neues und gutes Leben beibringst.

Deine Kunden sollen durch dich und deine Techniken freier und gelassener werden. Du bekommst diese Tools, um Gutes zu tun und nicht, um sie auszunutzen!

Tue damit Gutes!

Als kleinen Zusatz gebe ich dir noch Beispiele, wie du herausfinden kannst, welche Submodalität dein Kunde bevorzugt. Das ist gar nicht so schwer, du musst einfach nur zuhören! Du musst aufpassen, welche Worte und Sätze dein Kunde benutzt.

Visuell geprägte Menschen:*
- „Das sieht aber gut aus!"
- „Wie sieht das aus?"
- „Sehen wir uns das Gesamtbild an."
- „Die Sachen schauen mich schon wieder so an"
- „Das rückt das Ganze in ein völlig anderes Licht."

Auditiv geprägte Menschen:*
- „Hört sich gut an!"
- „Hör mal!"
- „Hast du schon gehört?"
- „Es schreit danach..."
- „Das klingt doch gut!"

Kinästhetisch geprägte Menschen:*

- „Wie fühlt sich das an?“
- „Kann ich es mal fühlen?“
- „Fühlt sich für mich nicht gut an.“
- „Ich hab da kein gutes Gefühl.“
- „Fühlt sich leicht/schwer an.“
- „Die Sache ist mir zu heiß.“

(Anthony Robbins, Das Robbins Powerprinzip, 1 Auflage 2004, Ullstein Buchverlag GmbH Berlin, s. 177)

Lifecoaching

KAPITEL 7

Wir als Personal Fitnesstrainer sind nicht nur für den körperlichen Zustand unseres Kunden zuständig, sondern auch für den psychischen Teil. Jedenfalls bis zu einem gewissen Grad. Wir sind alles in einem, denn wir machen Ernährungslehre, Sport- und Lifecoaching mit unseren Kunden. Wenn du ein sehr guter Trainer sein möchtest, solltest du das jedenfalls tun.

Ich erkläre dir jetzt ein paar ganz elementare Dinge aus meinem Personaltraining und zeige dir, wie du Kunden dahin bekommen kannst, wo du sie haben möchtest, bzw. wo sie selber hinwollen.

In der Regel haben unsere Kunden keine Lust auf Sport, haben keinen Bock, sich alleine zu bewegen und sich gesund zu ernähren. Oder sie haben zwar Lust, kriegen aber den Arsch nicht hoch!

Sie haben dich aber dafür gebucht, dass sie durch dich ihr Ziel erreichen, sei es nun beim Abnehmen oder beim Muskelaufbau. Wenn du deinen Kunden aber nur einmal die Woche siehst, weil er sich nicht mehrfach die Woche Personaltraining leisten will oder kann, ist jetzt die Frage: Wie kriegst du es hin, dass dein Kunde das tut, was ihr zusammen besprochen habt? Wie kriegst du es hin, dass dein Kunde sein Ziel erreicht, obwohl er dich in der Woche nur einmal sieht? Wie kannst du deinen Kunden dahin steuern, dass er die Dinge tut, die ihn seine Wünsche erreichen lassen?

Hierbei gibt es mehrere Techniken und Tricks, die man anwenden kann. Auf den folgenden Seiten werde ich dir ein paar Möglichkeiten aufzeigen. Ich nutze hierbei ganz unterschiedliche Theorien und Elemente der Kommunikation.

GLAUBENSSÄTZE:

Was ist ein Glaubenssatz? Ein Glaubenssatz ist letztendlich nichts anderes als etwas, wovon du glaubst, dass es so ist. Du glaubst, dass etwas auf eine bestimmte Weise richtig oder falsch ist.

Viele Glaubenssätze sind uns in unserer Kindheit bereits von unseren Eltern, Großeltern oder Lehrern anerzogen worden. Beispiel: „Wenn du mal groß bist, musst du hart arbeiten, damit du deine Familie ernähren kannst!" Diesen Satz haben wir wahrscheinlich alle schon mal von unseren Eltern oder Großeltern gehört.

Kinder glauben das in diesem Moment, da es ihnen so eindringlich von ihren „Vorbildern" eingeflößt wird. Mit diesem Grundsatz im Hinterkopf hat man dann unter Umständen als Erwachsener das Gefühl und auch den Druck, dass die Familie nur ernährt werden kann, wenn man „hart" arbeitet. So kann es dazu kommen, dass das Leben später anstrengend und schwer wird. Denn ein leichter Job, der Spaß macht und der einem nicht „hart" vorkommt, kann nach diesem Glaubenssatz unsere Familie ja nicht ernähren.

Unsere Eltern wollen uns natürlich nichts Bösen, ganz im Gegenteil, sie wollen uns auf das Leben vorbereiten, wollen uns damit für das Leben rüsten. Sie wollen die richtige Einstellung in uns wecken.

Sie erreichen damit aber leider genau das Gegenteil und setzen gleichzeitig den Glaubenssatz, dass das Leben als Erwachsener keinen Spaß mehr macht und es nie wieder so schön und unbeschwert sein wird wie in der Kindheit. Das ist aber absolut falsch!

Natürlich ist die Kindheit schön, man hat viele Ferien und kann unbeschwert durchs Leben gehen. Aber das Leben als Erwachsener kann eben trotz der Pflichten und Verantwortungen, die im Laufe der Jahre dazukommen, Spaß und Freude bereiten. Ist das Leben als Erwachsener so schlecht? Also meins mit Sicherheit nicht! ;-)

Ein weiteres Beispiel: Ganz viele Menschen haben den Glaubenssatz: Abnehmen ist schwer, ist anstrengend, hat mit Disziplin zu tun, hat mit Verzicht zu tun.

In den meisten Fällen haben übergewichtige Menschen schon öfter versucht abzunehmen. Sie haben es dann vielleicht auch geschafft, sie haben dafür auf bestimmte Lebensmittel verzichtet, haben eventuell

Dinge gegessen, die ihnen nicht geschmeckt haben, haben Sport gemacht, zu dem sie keine Lust hatten und haben vielleicht mal ein paar Wochen trotz Bemühungen nicht abgenommen. Oder sie haben abgenommen und gleich wieder zugenommen.

Diese Menschen haben also die Erfahrung gemacht, dass Abnehmen nicht leicht ist, dass es mit Verzicht zu tun hat. Sie haben also den Glaubenssatz, dass Abnehmen schwer ist und dass es dann noch viel schwerer ist, dieses Gewicht zu halten.

Ich sage dir aber: Abnehmen ist nicht schwer, denn man weiß heutzutage zu 100%, wie es funktioniert! Abnehmen ist eine todsichere Sache, abnehmen ist somit leicht!!! Trainingswissenschaftlich ist alles bewiesen, wie man Fett verliert und Muskeln aufbaut, was man essen und trinken muss. Wir können einfach ins Geschäft gehen und uns die richtigen Lebensmittel kaufen, es ist alles verfügbar. Es wird uns leicht gemacht, das Richtige zu essen, denn auf der Verpackung der Lebensmittel steht immer drauf, was an Kalorien, Fett, Eiweiß und Kohlenhydraten drinnen ist.

Wenn man mich als Personaltrainer bucht, kann ich meinen Kunden vom ersten Tag an eine Garantie geben, dass sie abnehmen werden. Ich kann ihnen das schwarz auf weiß geben, wenn man mit mir anfängt zu trainieren, wird man abnehmen, wird man sein Ziel erreichen.

Sie müssen „nur" tun, was ich sage und sie werden dünn werden. Heutzutage weiß letztendlich jeder, wie abnehmen funktioniert. Es hapert meistens nur an der Umsetzung und genau da sind wir als Trainer gefragt. Wir machen keine hochindividuellen Trainingspläne mit unseren Kunden, wir shredden in der Regel nicht auf 8% Körperfett runter, denn wir haben keine Leistungssportler, wir haben Gesundheitssportler im Coaching.

Schwer sind die Dinge, die wir nicht verstehen. Schwer sind erst die Dinge, von denen wir nicht wissen, wie sie funktionieren. Aber abnehmen ist eine sichere Sache!

Jetzt ist natürlich die Frage, wie durchbreche ich als Trainer so einen Glaubenssatz meiner Kunden.

Das geht in drei Schritten:

1. Glaubenssatz bewusst machen
Abnehmen ist schwer!!!
Erkenne den Glaubenssatz, der deinem Trainee das Leben schwer macht und mache es ihm bewusst. Lasse es ihn aussprechen.

2. Glaubenssatz bewusst anders machen
Abnehmen ist leicht!!!
Zeig ihm, dass es auch eine andere Sichtweise gibt. Erarbeite dies mit ihm oder konfrontiere ihn mit einer gegenteiligen Aussage, die du begründen kannst.

3. Negativen Glaubenssatz durch positiven Glaubenssatz ersetzen
Abnehmen ist leicht, weil man heutzutage zu 100% weiß, wie es funktioniert!!!
Gib ihm die Aufgabe, den neuen Glaubenssatz anzuwenden, damit er merkt, dass es auch anders funktioniert.

„Ob du glaubst, du kannst es, oder du kannst es nicht, du hast immer Recht!

—

HENRY FORD (1863 – 1947)
AMERIKANISCHER GROSSINDUSTRIELLER

Glaubenssätze kannst du auf jeden Bereich deines Lebens beziehen. Sie sind ein ganz elementarer Teil, ob deine Kunden ihr Ziel erreichen werden oder nicht.

Mache das deinem Kunden klar. Ändere sein Denken, so wird er auch sein Handeln ändern. Und nur so hast du mit deinem Klienten langfristigen Erfolg.

MUSTER:

Muster sind etwas sehr Ähnliches wie Glaubenssätze, manche würden sogar so weit gehen zu behaupten, dass es das Gleiche ist.

Ein Muster ist eine Gewohnheit, die wir in unser Leben aufgenommen haben. Dinge, die wir immer wieder auf die gleiche Weise machen. Die Gründe können ganz unterschiedlich sein, z.B. weil es uns auf die Weise Spaß macht oder weil wir es von Kindheit an immer so gemacht haben und uns nie die Frage gestellt haben, ob es auch anders geht.

Ich will dir ein Beispiel geben: Viele Leute haben das Muster, sonntags um 15 Uhr Kaffee zu trinken und Kuchen zu essen und wissen oft gar nicht warum. Ihnen ist oft gar nicht bewusst, warum sie das eigentlich machen.

Wenn du so jemanden fragst, warum er das macht, würde er wahrscheinlich mit den Schultern zucken und sagen: Ich weiß auch nicht, ist halt so, haben wir halt schon immer so gemacht.

Es gibt gute und es gibt schlechte Muster in unserem Leben. Muster zu durchbrechen und zu unterlassen ist relativ schwierig. Muster auszutauschen hingegen ist leicht.

Ein gutes Muster wäre zum Beispiel, wenn unsere Kunden am Montag, Mittwoch und Freitag um 18 Uhr direkt nach der Arbeit immer zum Sport gehen würden oder sich im Restaurant immer automatisch gesunde Sachen auf der Speisekarte aussuchen und schon gar nicht mehr auf die ungesunden Sachen in der Karte schauen würden.

Unsere Kunden müssen das Gefühl entwickeln, als wäre es normal, regelmäßig Sport zu machen, als wäre es normal, nicht so viel Alkohol zu trinken und sich bewusst zu ernähren.

Sie müssen sich bei wenig Sport schlecht fühlen und müssen das Gefühl entwickeln, als wären sie ohne Sport nicht so attraktiv, nicht so leistungsfähig oder interessant als mit!

Wir als Trainer müssen es schaffen, positive Muster in das Leben unserer Klienten zu pflanzen, denn dann kannst du von einem nachhaltigen Erfolg ausgehen.

Wenn deine Kunden positive Muster in ihrem Leben aufgebaut und verinnerlicht haben, dann kannst du wirklich sagen, dass du es geschafft hast, diese Menschen positiv zu beeinflussen und deren Leben geändert zu haben. Dann bist du ein wirklich guter Trainer!

Aber wie kriege ich positive Muster in das Leben meines Kunden? Auch hier gibt es drei Schritte, ähnlich wie bei den Glaubenssätzen:

1. Muster bewusst machen

Sonntags 15 Uhr Kaffee & Kuchen

Erkenne das Muster, welches für deinen Kunden ein negatives Verhalten darstellt. Mache ihm bewusst, dass er an der Stelle immer nach demselben Muster handelt. Zeige ihm auf, warum dieses Verhaltensmuster für ihn negativ ist.

2. Muster bewusst anders machen

Sonntags keinen Kaffee & Kuchen mehr planen

Zeig ihm, dass es auch eine andere Möglichkeit gibt zu handeln.

3. Negatives Muster durch ein positives Muster ersetzen

Sonntags um 15 Uhr schwimmen gehen mit der Familie

Gib ihm die Aufgabe, das Muster so umzuwandeln, dass er es nicht aufgeben muss, aber es für ihn zu einem positiven Muster wird.

In dem nächsten Beispiel kannst auch du sehen, dass Glaubenssätze und Muster ineinander übergreifen können. Ein Glaubenssatz kann Ursache für ein Verhaltensmuster sein und andersherum. Wir arbeiten also meistens an beidem gemeinsam.

Du kennst es vielleicht, dass jemand schon satt ist, bevor der Teller leer ist, aber trotzdem noch aufisst. Das machen viele Menschen! Sie essen weiter, bis der Teller leer ist. Das kann ganz unterschiedliche Gründe haben. Zum einen ethische Gründe: „Ich verschwende hier Essen, während Kinder in Afrika hungern" oder eine nie hinterfragte Angewohnheit aus der Kindheit „Der Teller wird leer gegessen, vorher darfst du nicht spielen" oder völlig irrationale Dinge wie „Wenn ich nicht aufesse, kriegen wir kein schönes Wetter".

Aber ich sage dir: Dein Körper ist kein Mülleimer!

Es wird den Kindern in Afrika nichts nützen, wenn du deinen Körper mit zusätzlichen Kalorien überfütterst und dich auf Dauer damit krank und unbeweglich machst.

Denn so machst du dich nur kaputt und niemandem ist geholfen.

Dieses Muster und auch den entsprechenden Glaubenssatz dazu haben leider sehr viele Menschen und oft eben auch unsere Kunden.

Du musst dies deinen Kunden wirklich ganz bewusst und klar machen und es dann mit ihnen gemeinsam ändern!

1. Muster bewusst machen
Ich esse nicht auf, weil ich Hunger habe, sondern weil es ethisch nicht in Ordnung wäre, Essen wegzuwerfen, wenn andere Menschen hungern müssen.

2. Muster bewusst anders machen
Reste auf dem Teller lassen, wenn man satt ist.

3. Negatives Muster durch ein positives ersetzen
Die Reste aufbewahren und am nächsten Tag essen.

Wenn du wirklich dauerhaft eine Veränderung bei einem Klienten erreichen willst, musst du mit ihm an seinen Mustern arbeiten. Du musst ihm bewusstmachen, was Muster sind. Zeige ihm, welche negativen Muster er hat. Erarbeite mit ihm eine Alternative, wie er dieses Muster bewusst anders machen kann. Und dann lass ihn das negative Muster durch sein neues ersetzen.

Wenn du dies mit deinen Kunden schaffst, gehörst du zu den besten Trainern aus Deutschland! Dein Konzept ist dann nachhaltig und wird dir Empfehlungen und Aufträge ohne Ende bringen!

„Wer immer tut was er schon kann, bleibt immer das was er schon ist.

—

HENRY FORD (1863 – 1947)
AMERIKANISCHER GROSSINDUSTRIELLER

ANKER SETZEN:

Kommen wir gleich zu einem nächsten Tool, mit dem du deinen Kunden nachhaltig fördern kannst. Das Ganze nennt sich Anker setzen.

Aber was ist ein Anker? Hier ein Beispiel, das wohl jeder kennt:

Wenn es nach einem heißen Sommertag anfängt zu regnen und der Regen dann wieder aufhört, liegt ein ganz bestimmter Geruch in der Luft. Kennst du den Geruch von warmem Sommerregen und das wohlige Gefühl, welches er hervorruft? Ich bin mir ziemlich sicher, dass du genau weißt, wovon ich rede. Und ich weiß auch ganz genau, was für ein Gefühl du hast, wenn du an diesen Geruch denkst. Du verbindest ihn mit einem guten Gefühl, mit Wärme, mit Unbeschwertheit, mit langen und lauen Nächten, mit der schönen Jahreszeit. Du verknüpfst ihn vielleicht sogar mit Urlaub oder einer Sommerliebe, vielleicht mit einem Festival! Jedenfalls mit einem guten Gefühl, mit Freude und Spaß.

Das liegt daran, dass es diesen Geruch nur im Sommer gibt, wenn es heiß und schön ist. Im Winter gibt es diesen Geruch nicht. Dieser Geruch ist in unseren Köpfen also mit etwas Schönem verankert.

Ein Anker ist etwas, mit dem wir immer bestimmte Sachen miteinander verbinden. Zum Beispiel verbinden wir Gerüche, Jahreszeiten, Orte, Geräusche oder Gegebenheiten mit Gefühlen.

Solche Anker kann man bei Menschen ganz bewusst setzen. Das hört sich im ersten Moment vielleicht etwas komisch an, aber es funktioniert wirklich! Und das kannst du als Trainer zu deinem Vorteil nutzen, um deine Kunden besser zu betreuen. Ganz oft geschieht es auch unbewusst.

Es gibt zum Beispiel Menschen, bei denen du dich immer wohlfühlst und mit denen es angenehm ist, Zeit zu verbringen. Was genau machen diese Menschen, warum ist es angenehm, sich mit ihnen zu umgeben, warum triffst du dich gerne mit ihnen?

Da gibt es unterschiedliche Möglichkeiten. Sie hören dir vielleicht zu und du kannst dich aussprechen, kannst von dir erzählen. Sie geben dir Komplimente, heben verschiedene Dinge von dir hervor, geben dir das Gefühl, dass du interessant bist. Sie nutzen hierbei vielleicht völlig unbewusst genau deine Liebessprache und setzen diese in der Submodalität um, auf der du am besten zu erreichen bist. Du fühlst dich angenommen. Da gibt es natürlich noch unzählige weitere Beispiele .

Das Entscheidende jedoch ist, dass sie bei dir einen Anker gesetzt haben. Du fühlst etwas Positives, wenn du in ihrer Gegenwart bist. Das machen die wenigsten Menschen bewusst, aber sie machen es!

Ich mache das auch bei meinen Klienten, damit sie sich im Training wohlfühlen, damit sie sich auf das doch so harte und anstrengende Personaltraining freuen und dabei Spaß haben.

Du kannst bei deinem Kunden einen Anker setzen und zwar den Anker, dass Sport Spaß macht. Du kannst ein Gefühl mit Sport verankern. Auch wenn der Sport anstrengend ist und er bisher vielleicht keinen Spaß daran gehabt hat, kannst du es schaffen, dass dein Kunde Sport nicht nur mit Anstrengung, sondern mit einem guten Gefühl verbindet. Der Sport an sich bleibt natürlich anstrengend, aber wenn du ihn mit einem positiven Gefühl verankerst, dann empfindet der Kunde etwas Positives beim Sport, und dann wird es ihm nicht mehr so schwer fallen, Sport zu treiben. Denn etwas, das uns ein positives Gefühl bringt, machen wir gerne.

Natürlich bist du auch ein Teil des Ankers, du bist derjenige, der das Ganze in Fahrt bringt, mit dir steht und fällt der Anker. Hier musst du aufpassen, dass du nicht zu sehr in den Vordergrund gerätst und dein Kunde dich als Anker für ein gutes und angenehmes Gefühl verbindet.

Das ist natürlich super, wenn du den Kunden an dich binden willst und dauerhaft an ihm Geld verdienen möchtest, du musst aber aufpassen, dass das Ganze nicht zu sehr in die Richtung der Abhängigkeit geht. Es wirkt dann auch schnell manipulativ.

Auch wenn ich es schon sagte: Jede Art von Kommunikation ist auch Manipulation. Deshalb musst du die gesunde Mischung herausfinden. Denn es geht nicht darum, unsere Kunden abzuziehen, sondern darum, ihnen die Fähigkeit zu geben, nachhaltig ihr Leben zu verändern!

Ich gehe jetzt noch einen Schritt weiter und erzähle dir, wie du bei deinen Kunden noch bewusster einen Anker setzen kannst.

Wenn ich zu meinen Kunden komme, an der Tür stehe und sie mir

dann aufmachen, lächle ich sie an und gebe ganz oft ein Kompliment oder sage etwas Gutes über sie oder irgendetwas, das mit ihnen zu tun hat (Auto, Haus, Einrichtung, Kleidung,...). Dabei gebe ich ihnen dann eine kleine Berührung an der rechten Schulter.

Dieser Moment, indem ich etwas Gutes über mein Gegenüber sage oder etwas Gutes und Angenehmes mit ihm mache, und dabei immer wieder den gleichen Reiz setze (rechte Schulter anfassen), pflanze ich einen Anker bei meinem Kunden.

Der Kunde verbindet nach einiger Zeit einen Klaps auf die rechte Schulter mit einem guten Gefühl. Wenn er mal nicht gut drauf ist, wenn er z.B. mal nicht so viel abgenommen hat, wie er es gerne gewollt hätte, dann kannst du unauffällig mit deinem Anker die Stimmung wieder heben und deinem Kunden ein gutes Gefühl geben, indem du seine Schulter berührst.

Diese Technik wird nicht unbedingt beim ersten Mal funktionieren. Es braucht als Trainer viel Feingefühl und Erfahrung, um die richtigen Anker und Momente zu nutzen, aber wenn du das richtig gut beherrscht, kannst du deinen Kunden viel besser darin unterstützen, wohin er will und ihn somit seinem Ziel näherbringen.

Wenn du nun noch weißt, was dein Kunde für eine Submodalität bevorzugt, kannst du ihn auf seinem Kanal natürlich noch besser erreichen, als wenn du einen Kanal nutzt, auf den er nicht so gut reagiert.

Einen Kinästheten wirst du besser mit körperlichen Berührungen erreichen als mit Geräuschen oder Tonlagen. Und einen Auditiven wirst du mit deiner Stimmlage besser erreichen als mit Berührungen. Einem visuellen Menschen zeigst du am besten, was du meinst und nutzt die Berührung oder Stimmlage nicht vordergründig.

Ich warne dich aber: Missbrauche diese Techniken nicht zu deinem Vorteil, sondern nur dazu, dass dein Kunde sein Ziel erreicht und zufrieden ist, dich als Trainer ausgesucht und gebucht zu haben.

GEDANKEN - WORTE - TATEN - GEWOHNHEIT - CHARAKTER - SCHICKSAL
WIE EIN PROZESS DER VERÄNDERUNG FUNKTIONIERT

Was soll das für eine Überschrift sein? Was soll das heißen: Wie ein Prozess der Veränderung funktioniert? Pass auf! Der Prozess funktioniert wie folgt:

Gedanken werden zu Worte, Worte werden zu Taten, Taten zu Gewohnheiten, Gewohnheiten bilden den Charakter, dein Charakter bestimmt dein Schicksal. (Dieser Prozess ist bereits im Judentum, Talmud, beschrieben)

Jeder dieser Teilbereiche ist sehr wichtig für die vollständige Entwicklung in diesem Prozess. Wenn ein Bereich übersprungen wird, fehlt unter Umständen die Stabilität. Deshalb ist es für uns Trainer gut, diese Lücke bei unseren Kunden zu erkennen und auszufüllen. So sorgen wir für Nachhaltigkeit.

Jeder unserer Gedanken fängt im Kopf an, geht aber nicht gleich ins Wort über, sondern teilweise direkt in die Tat.

Unsere Kunden haben den Gedanken, sie müssen abnehmen, müssen sich mehr bewegen, müssen Sport machen.

Sie buchen sich dann eine Mitgliedschaft im Fitnessstudio, buchen sich gleich einen Personaltrainer, buchen sich gleich ein Onlineprogramm und wollen direkt in die Tat übergehen, vergessen dabei aber leider den Part der Worte.

Mit Worten kann man töten, mit Worten kann man aber auch neues Leben erzeugen!

Es ist super wichtig, dass unsere Kunden ihre Ziele aussprechen und sich somit bewusster machen, was sie eigentlich vorhaben und wohin sie auf dem Weg sind. So werden ihre Ziele nochmal um einiges stärker und verfestigt. Das ist eine wichtige Grundlage, um den Prozess fortzusetzen und um als nächstes zur Tat zu schreiten.

Hier geht es aber nicht darum, jedem Menschen in seinem Umfeld, sei es Familie, Freunde, Kollegen oder Nachbarn zu erzählen, dass man gerade abnimmt und somit Druck aufbaut, sondern es geht darum, dass man seine Worte selber hört und das Ganze nicht nur im Kopf stattfindet!

„Worte haben Macht!

Natürlich entscheidet letztendlich die Tat, ob wir unser Ziel erreichen oder nicht. Wir können noch so oft aussprechen, dass wir abnehmen werden, dass wir dünn und muskulös sein werden.

Doch wenn wir uns nicht richtig ernähren und nicht den richtigen Sport treiben, werden wir nicht dünn.

Aber wenn wir es unseren Kunden leicht machen möchten und sie somit unterstützen wollen, sollten wir sie immer wieder fragen und ihnen Sätze entlocken wie: Ich werde abnehmen oder ich möchte dünn sein, weil ..., ich werde dünn sein!

Denn das verfestigte Wort bietet eine sichere Grundlage für die Tat und somit unterstützt es den Prozess des Abnehmens nochmal deutlicher! Die Gewohnheit ist nichts anderes als ein Muster, wovon ich dir ja schon erzählte. Ich habe dir gesagt, dass wir als Trainer positive Muster in das Leben unseres Klienten einpflanzen sollten, dass Sport und gesunde Ernährung normal und selbstverständlich sind.

Wenn du das kannst, bist du einer von ganz wenigen in Deutschland die behaupten können, dass sie ein nachhaltiges Training bieten.

Ich muss ehrlicherweise sagen, dass ich es auch nicht immer schaffe, meine Kunden so positiv zu beeinflussen, dass sie nie wieder dick werden und nicht mehr in ihre alten Gewohnheiten zurückfallen.

Wenn der Kunde nicht will, können wir als Trainer noch so viel probieren und es wird trotzdem nicht klappen. Sobald mein Kunde aufhört mit mir zu trainieren, weil er sein Ziel erreicht hat, kann ich schon ziemlich genau sagen, ob er sein Gewicht halten wird oder nicht. Ob er ohne mich wieder in alte Muster zurückfällt oder ob er dranbleiben wird.

Woran erkenne ich das? Wie schon gesagt, werden aus Taten Gewohnheiten. Wenn du es geschafft hast, dass dein Kunde regelmäßig Sport treibt – und das auch ohne dich – und dann Sätze fallen wie „Letzte Woche konnte ich wegen der Arbeit zweimal nicht zum Sport, da habe ich mich so unwohl gefühlt“, dann kannst du daraus erkennen, dass seine Tat mittlerweile zu einer Gewohnheit geworden ist. Der Prozess hat hier also funktioniert.

Unsere Gewohnheiten bilden unseren Charakter, wie wir denken, wie wir handeln, was wir sehen, wie wir auf andere Menschen reagieren, ob wir Chancen sehen, ob wir grundsätzlich gut oder schlecht gelaunt sind.

Ob wir die Ziele erreichen, die wir uns gesteckt haben, ob wir das Leben leben, das wir leben möchten, ob wir das Leben als leicht oder als schwer empfinden!

Du wirst es bei deinem Kunden bemerken, wie sich sein Charakter verändert hat, wenn er zum Beispiel Folgendes zu dir sagt: „Meine Kollegen haben mich gefragt, wann ich endlich wieder normal esse und das Kaninchenfutter wieder weglasse? Ich habe dann gesagt, dass das Kaninchenfutter mein neues Normal ist."

Letztendlich entscheidet unser Charakter über unser Schicksal, denn so wie wir denken und handeln wird sich unser Leben zum Positiven wie auch zum Negativen entwickeln. „Ich war beim Arzt, meine Cholesterinwerte sind, seit ich mich gesünder ernähre und Sport mache, wieder normal. Er sagt, mein Herzinfarktrisiko ist jetzt deutlich kleiner geworden!"

Wenn du denkst, dass du es schaffen wirst, es aussprichst und dann so handelst, es zu deiner Gewohnheit machst, dann wird sich dein Charakter so entwickeln, dass du das Leben lebst, das du dir wünscht zu leben.

Dein Charakter entscheidet, ob du ein reiches oder armes Schicksal haben wirst, ob du ein dickes oder dünnes Leben haben wirst!

Das Wissen um diesen Prozess kann dir im Leben weiterhelfen. Nicht nur in Bezug auf deine Kunden, sondern auch auf dich selbst!

Alles fängt in deinem Kopf an. Du hast den Gedanken, erfolgreicher Personaltrainer zu werden. Dann sprich es aus, verfestige deine Ziele und definiere dein Ziel klar! Wo willst du hin? Höre deine Worte: „Ich werde erfolgreicher Personaltrainer!"

Setze dein Vorhaben in die Tat um und arbeite dafür, nutze Netzwerke, knüpfe Kontakte mit Kooperationspartnern, baue verschiedenste Abläufe deines Jobs (Akquise, Flyer verteilen, Website erneuen, bloggen) in deinen Arbeitsalltag ein und bleibe konstant dabei (genauere Tipps hierzu kommen in den folgenden Kapiteln, aber dieses Buch zu kaufen war schon ein guter Anfang! ;-))

Wenn sich der Prozess bei dir verfestigt, dann wird es irgendwann keine Herausforderung oder Last mehr für dich sein, sondern wie von selbst funktionieren. Diese Abläufe werden deinen Charakter bilden und somit dein Denken/deinen Blick neu formen. Sie werden dich wachsam für Chancen und Geschäftsideen machen. Genau diese Denkweise und das verbundene Handeln wird dein Schicksal bestimmen! Du hast es in der Hand!

Ich fasse es nochmal in Bezug auf unseren Kunden, der abnehmen möchte, zusammen: Unser Kunde hat den Gedanken abzunehmen, jetzt fordere von ihm, dass er es ausspricht: „Ich werde abnehmen" – „Ich werde dünn sein!" Gehe mit ihm in die Tat über und fange an, mit ihm zu trainieren, fordere ihn auf, mehrmals in der Woche Sport zu treiben. Setze es mit ihm um und baue so Sport und eine gesunde Ernährung als Gewohnheit in sein Leben ein. Wenn du es in sein Leben integriert hast, wird sich sein Charakter so ändern, dass sein Schicksal sportlich, dünn und vital sein wird! Es wird so weit gehen, dass er sich ohne Sport nicht mehr wohl fühlt.

REFRAIMEN:

Refraimen bezeichnet eine Technik, die aus der systemischen Familientherapie bekannt wurde und bedeutet direkt übersetzt nichts anderes als „Neu rahmen oder anders rahmen".

Letztendlich beschreibt es den Blickwinkel, den wir aus unserer Sicht auf eine bestimmte Situation oder ein bestimmtes Problem haben.

Ich komme zurück zu dem Beispiel, das ich bei den Glaubenssätzen schon einmal benutzt habe. Glaubenssatz: Abnehmen ist schwer!

Ich sage: Abnehmen ist nicht schwer, weil man heutzutage genau weiß, wie es funktioniert. Abnehmen ist daher eine sichere Sache.

Was habe ich hier gemacht? Ich habe das Ganze letztendlich aus einem anderen Blickwinkel sehen lassen. Auf einmal ist das Abnehmen nicht mehr schwer, denn es ist schon lange wissenschaftlich nachgewiesen, wie es funktioniert.

Schwer sind die Dinge, von denen wir nicht wissen, wie sie funktionieren! Aber abnehmen ist nicht schwer, denn die Wissenschaft hat schon lange bewiesen, was dazu notwendig ist.

Das Gleiche gilt für das Sixpack. Es ist nachgewiesen, wie man den Muskelaufbau optimal durchführt. Und deshalb ist es nicht schwer.

Noch ein Beispiel: Am Anfang dieses Buches hast du gelesen, wie schwer ich es hatte, überhaupt Fuß zu fassen, wie schwer es war, überhaupt den ersten Kunden zu bekommen.

Die ersten Jahre meiner Selbstständigkeit waren wirklich eine schwere Zeit für mich und haben nicht wirklich Spaß gemacht. Zu der Zeit habe ich nichts Positives daran finden können, keine Kunden zu haben. Es war einfach nur sehr anstrengend und sehr hart.

Aber wenn ich jetzt auf diese Zeit zurückblicke, ich jetzt darüber nachdenke, was diese Erfahrung mit mir gemacht hat, bin ich wirklich froh, dass ich diese Situationen durchlaufen bin.

Mein neuer Blickwinkel macht aus etwas Negativem etwas Positives! Denn diese Situation damals hat mich stärker gemacht, hat mich noch ehrgeiziger, zielstrebiger und willensstärker gemacht! Diese Zeit hat mich zu dem Menschen gemacht, der ich heute bin, und das ist gut so!

Ich will dir sagen, dass jede negative Situation auch immer etwas Positives an sich hat! Oft wollen oder können wir das in dem Moment nicht sehen oder halten unsere Augen für das Positive geschlossen.

Aber wenn wir etwas Abstand gefunden haben, entdecken wir oft die guten Seiten und Dinge an vorher so ausweglos erschienenen Situationen. Wir müssen dazu nur den Blickwinkel ändern! Und genau das musst du bei deinem Kunden tun! Ändere seinen Blickwinkel!

Wenn zum Beispiel eine deiner Kundinnen ihr Ziel einmal nicht erreicht hat, nicht das Gewicht abgenommen hat, das ihr vereinbart habt, und sie sauer über diese Situation ist, dann frage sie: „Warum ist es schlecht, dass du dein Gewichtsziel nicht erreicht hast?" Wahrscheinlich kommt hier erstmal gar keine Antwort. Das ändert sich dann aber meistens im Verlauf und du kannst erkennen, warum deine Kundin wirklich sauer ist, dass sie ihr Ziel nicht erreicht hat.

So antwortet sie zum Beispiel: „Weil ich bis zum Sommerfest nächste Woche in die blaue Hose von damals passen wollte und das jetzt nicht mehr klappt!"

Lasse diese Antwort erstmal so stehen und frage sie direkt, was gut daran ist, dass sie ihr Ziel nicht erreicht hat. Hier wird die erste Spontanantwort zu 99% sein: „Gar nichts!"

Hilf ihr nun, das Ganze aus einem anderen Blickwinkel zu sehen. Zum Beispiel so:

„Aber es ist doch ein Sommerfest nächste Woche, warum kaufst du dir nicht ein schönes Sommerkleid? Das passt viel besser zu dem Anlass und wäre doch eine tolle Belohn2ung für die Kilos, die du bisher schon abgenommen hast!"

Das wird einen Denkprozess in ihr anregen.

Frag sie nach einiger Zeit, in diesem Fall am besten nach dem Sommerfest noch einmal, was gut daran war, dass sie damals ihr Gewichtsziel nicht erreicht hat.

Die Antwort könnte jetzt sein „...dass mir klar geworden ist, wie viel ich mit der bisherigen Gewichtsabnahme schon erreicht habe und dass ich jetzt ein neues Sommerkleid besitze, das zu meinem neuen Körper passt."

So hast du ihr dazu verholfen, die Situation aus einer anderen Sichtweise zu sehen. Du hast eine negative Situation in eine positive umgewandelt.

Du kannst viele verschiedene Fragen stellen. „Was ist gut daran, dass du dein Ziel nicht erreicht hast? Was ist schlecht daran? Was passiert jetzt? Machen wir weiter? Geht die Welt jetzt unter?" Denn allein die Tatsache, dass du fragst, löst den Denkprozess aus.

Dein Kunde wird im ersten Moment vielleicht nicht antworten können oder wollen. Er wird dir vielleicht sogar sagen, dass du die Schnauze halten sollst (was bei mir schon öfter vorgekommen ist :D)! Aber so werden seine Gehirnzellen in Gang gesetzt und er wird tatsächlich darüber nachdenken.

Du hast bei ihm so ein Nachdenken über die Situation angeregt, auf das er alleine vielleicht nicht gekommen wäre, weil er einfach nur frustriert über die nicht erreichten Ziele gewesen wäre. Du gibst ihm so die Möglichkeit, den Blickwinkel zu ändern.

**„Die Schwierigkeiten,
die du heute hast, werden
in der Zukunft sehr
wertvoll für dich sein.**

SICH SELBST ERFÜLLENDE PROPHEZEIUNG:

Mit diesem Tool kannst du die Stimmung deines Kunden sehr gut positiv beeinflussen. Die selbsterfüllende Prophezeiung tritt z.B. ein, wenn mein Gegenüber meine eigenen Erwartungen an ihn unbewusst erfüllt.

Du kommst zu deinem Kunden und merkst schon nach relativ kurzer Zeit, dass er nicht so gut drauf ist, aus welchen Gründen auch immer. Dann sage ihm, bevor er dir erzählt, dass er nicht gut drauf ist, dass er heute aber energiegeladen aussehe oder dass er heute gute Energie habe!

Egal, ob das stimmt oder nicht, mach es einfach! Das ist keine Lüge, denn du coachst deinen Kunden gerade und benutzt eine Technik, die ihm gleich ein gutes Gefühl geben wird und vielleicht sogar ein Lächeln ins Gesicht zaubert.

Du wirst dich wundern, was in diesem Moment mit deinem Kunden passiert, denn er wird in den nächsten Sekunden oder Minuten wirklich viel besser gelaunt sein. Seine Laune wird sich ändern, sobald du es ihm gesagt hast. Das liegt daran, dass er unterbewusst erfüllen will, was du ihm vorausgesagt hast.

Ganz wichtig dabei ist, dass du nicht nur sagst, dass er energiegeladen aussehe und gute Energie habe, sondern dass du das auch selber ausstrahlst. In dem Moment, in dem du mit deinem Körper, deinen Worten, der Gestik und den Blicken ausstrahlst, wie er sich fühlen soll, und es dann aussprichst, wird er es unterbewusst erfüllen wollen.

Das hört sich jetzt etwas komisch und esoterisch an, aber das ist es nicht. Probiere es unbedingt aus!

Das Ganze kannst du sehr gut mit dem „Ankern" verbinden, denn hier sorgst du für gute Laune in Verbindung mit dir und deinem Training! ;-)

Erinnerst du dich z.B. noch daran, was ich am Anfang des Kapitels „Kommunikation: Du kannst nicht nicht kommunizieren" erzählt habe? Lasse deinen Kunden reden!

Du solltest als Trainer nicht mehr als 30% der gewechselten Worte reden. Lasse ihn mindestens 70% eurer Gespräche führen. Interessiere dich dafür, wie es ihm geht, wie sein Tag war und was ihn gerade so beschäftigt. Deine Aufgabe ist es, dass er ein gutes Gefühl mit dir hat, dass er sich bei dir wohl- und gut aufgehoben fühlt. Erwähne seine positiven

Eigenschaften, konzentriere dich auf die guten Dinge an ihm.

Er wird so das gute Gefühl, das er hat, wenn er dir zuhört, immer wieder verspüren, wenn du kommst, um mit ihm zu trainieren.

Das Ganze klingt jetzt schon wieder so manipulativ. Ja, das stimmt, da gebe ich dir Recht, und trotzdem ist es das nicht. Denn in dem Moment, in dem dein Kunde dich bucht, ist es deine Aufgabe, dafür zu sorgen, dass es ihm gut geht, dass er gerne Zeit in deiner Gegenwart verbringt und Spaß hat.

Gewöhnlich sind uns unsere Kunden auch nicht egal, es wäre nämlich sehr schade, wenn sie dir alle egal wären, denn du gibst ihnen eines der schönsten Dinge der Welt. Du gibst ihnen ein Training, das für ihren Körper gut ist, du lehrst sie Disziplin und Durchhaltevermögen, du änderst ihren Blickwinkel, du gibst ihnen dadurch Unbeschwertheit und bei alledem bringst du ihnen im Endeffekt **Freiheit**!

Aber selbst wenn dir dein Kunde egal wäre, es würde mit dieser Technik trotzdem funktionieren. ;-)

WARUM WILLST DU DEIN ZIEL ERREICHEN?
Warum willst du abnehmen?

Das ist eine sehr wichtige Frage, das ist wohl auch **die** Frage, die darüber entscheidet, ob dein Kunde Erfolg mit dir haben wird oder nicht!

Wenn ich meine Kunden im Verkaufsgespräch oder bei der Anamnese frage, warum sie abnehmen wollen, dann höre ich immer Antworten wie: „Ich will mich besser fühlen! Ich will besser aussehen! Ist für die Gesundheit halt einfach besser!"

Ja, das stimmt, das sind grundsätzlich auch keine falschen Antworten. Natürlich wollen sie besser aussehen, gesünder leben oder sich besser fühlen. Das sind aber nicht die Antworten, die sie daran festhalten lassen, dauerhaft Sport zu treiben, sich dauerhaft richtig zu ernähren und am Fitnesslifestyle festzuhalten.

Also ist es deine Aufgabe, aus deinem Kunden herauszukitzeln, warum er wirklich sein Leben verändern möchte. Er braucht konkrete Beispiele, worauf er hinarbeiten kann. Zum Beispiel, dass er mit 65 Jahren immer noch die Treppe zum Schlafzimmer ohne Probleme hinaufsteigen kann. Was genau will er also erreichen? Und ich spreche hier nicht von Kilos, die er abnehmen will oder Zeiten, in denen er eine bestimmte Strecke laufen möchte.

Ich spreche nicht von Zahlen, sondern von bestimmten Situationen, die er erleben möchte oder bestimmten Gefühlen, die er verspüren möchte. Welches Gefühl will er nicht mehr haben? Welches Gefühl möchte er haben? Was genau stört ihn in seinem aktuellen Leben? Welcher Zustand ist für ihn nicht mehr akzeptabel? Welchen Zustand möchte er erreichen? Was genau ist dann, was jetzt noch nicht ist?

Das sind Fragen, die deine Kunden beantworten können sollen. Das sind die wichtigsten Antworten, denn sie sind mit ausschlaggebend, ob sie ihre Ziele erreichen werden. Und es ist deine Aufgabe als Trainer, dass sie es schaffen, dies zu beantworten. In meinen Augen bist du erst dann ein richtig guter Coach!

Aber es ist eben nicht immer leicht, solche Fragen zu beantworten. Meistens wissen die Kunden nicht sofort, was sie sagen sollen, und oft kann es auch einige Trainingseinheiten dauern, bis sie es selber herausgefunden haben. Aber sie müssen dies unbedingt wissen!

Denn genau diese Antworten bilden den Antrieb, den Prozess der Veränderung durchzuführen. Hierbei ist wichtig zu beachten, dass die Vermeidung von Schmerzen ein stärkerer Antrieb ist, als zusätzlich Freude zu gewinnen. (Sigmund Freud 1856 – 1939, Psychiater und Begründer der Psychoanalyse)

Somit ist die Angst davor, das geliebte Haus verkaufen zu müssen, weil ich es körperlich nicht mehr schaffe die Treppen hinauf zu kommen, ein deutlich größerer Antrieb, als insgesamt noch beweglicher zu werden.

Es gibt also unterschiedliche Arten von Antrieb:

1. Entweder den Schmerz zu vermeiden, also nicht im Rollstuhl zu enden oder im Krankenhaus nach einem Schlaganfall zu liegen und sich kaum noch bewegen, geschweige denn reden zu können

oder

2. Freude zu gewinnen und sein Leben zu verbessern.

Viele Leute wollen einfach nicht, dass sie mit 65 Jahren kaum noch die Treppe ins Schlafzimmer hochkommen. Sie wollen nicht eingeschränkt sein.

Sie haben Sorge, dann ihr Haus verkaufen zu müssen, an dem sie emotional vielleicht sehr hängen. Hieraus kann man einen Antrieb bilden, indem man dem Kunden klarmacht, dass regelmäßige Fitness und gute Ernährung es sehr viel wahrscheinlicher machen, dass er im Alter noch die Treppen hoch kommt. Das wäre zum Beispiel die Variante, in der es darum geht, einen Schmerz zu vermeiden (den Verlust des Hauses).

Um die Vermeidung von Schmerzen als Antrieb für deinen Kunden zu nutzen, finde also heraus, vor welchen Dingen er Angst hat. Was sind seine Zukunftssorgen?

Andersherum kann man den Antrieb auch durch Aussicht auf freudige Ereignisse oder schöne Gefühle stärken. Hier ein Beispiel von mir, warum jemand Sport machen und abnehmen sollte: Ich möchte Sport machen und mich gesund ernähren, weil ich das Lachen meiner Kinder hautnah miterleben möchte. Ich möchte mit ihnen auf dem Rasen unseres Gartens spielen und ihnen nicht aus fünf Metern Entfernung vom Gartentisch aus mit einem Bier in der Hand zugucken.

Ich möchte mich darüber freuen, dass meine Kinder sich freuen und Spaß mit mir haben!

Ich möchte die Freude über die Freude meiner Kinder haben!

Das wäre zum Beispiel eine super Antwort, die dein Kunde dir geben könnte, wenn du ihn fragst, warum er seinen Lebensstil ändern möchte.

Leider habe ich in meinen ersten Gesprächen noch nie so eine Antwort erhalten, denn die meisten Kunden wissen dies auf Anhieb selber nicht und müssen erstmal genau darüber nachdenken.

Um die Freude als Antrieb für deinen Kunden zu nutzen, versuche herauszufinden, welche Gefühle für ihn angenehm sind. Was empfindet er als gutes Gefühl? Fühlt er sich gut, wenn er von Frauen/Männern akzeptiert wird? Möchte er Anerkennung haben? Fühlt er sich gut, wenn er das Kribbeln im Bauch spürt, wenn er etwas mit dem anderen Geschlecht macht und es gefunkt hat. Möchte er das Gefühl, das man beim Sex hat? Möchte er die Sicherheit, auch noch im Alter gesund und beweglich zu sein?

Ich fordere dich auf, es herauszufinden bzw. es von deinem Kunden herausfinden zu lassen, denn nur er kennt diese Antwort. Wenn du sie auch kennst, kannst du ihm beibringen, dies als Antrieb dafür zu nutzen, seine Ziele zu erreichen.

Wie du diese Antwort besser herausfinden kannst: Stelle einfach die Frage: Warum? Wenn er die Frage dann beantwortet hat, stelle wieder die Frage: Warum? Das machst du bitte nicht sehr schnell hintereinander und auch nicht mit einem Lächeln im Gesicht, sondern mit ernster Miene und du interessierst dich dafür aufrichtig und ehrlich.

Du kennst doch sicherlich die „Warum-Phase" bei Kleinkindern, wenn sie alles wissen wollen und nach jeder weiteren Antwort „Warum" fragen.

Bitte kopiere das nicht eins zu eins, sondern mach das langsamer und zielgerichteter. Zeige deinem Kunden mit einer ernsten Betonung, Mimik und Gestik, dass es dir wirklich wichtig ist, das zu wissen. So zeigst du deinem Trainee, dass du an der Antwort interessiert bist.

Hierbei kannst du dir die Submodalitäten auditiv/visuell/kinästhetisch wieder sehr gut zu Nutzen machen und somit die Kommunikation zwischen dir und deinem Klienten deutlich verbessern.

Jetzt habe ich dir Möglichkeiten an die Hand gegeben, **wie** du deinen Trainee zu seinem Ziel führst, wie du das Beste aus ihm herausholst. Lass mich dir in den folgenden Kapiteln zeigen, wie du das Beste aus dir selber herausholst.

Was ist mein größter Nutzen als Personaltrainer?

KAPITEL 8

Wenn ich meine Arbeit als Personaltrainer wirklich auf das Entscheidendste herunterbrechen und in einem Satz beschreiben müsste, was ich wirklich tue, dann würde ich sagen: „Ich verkaufe Disziplin!"

Mehr ist das nicht, mehr mache ich nicht! Letztendlich trete ich meinen Kunden nur in den Arsch, treibe sie an, fördere und fordere sie. Ich sorge einfach dafür, dass sie regelmäßig Sport machen, dass sie sich richtig ernähren und sich um sich kümmern. Mehr tue ich eigentlich nicht. Und dafür zahlen mir meine Klienten einen Haufen Geld, nicht selten über 1000 Euro im Monat!

Dafür, dass ich ihnen erzähle, dass sie abends keine Kohlenhydrate mehr essen sollen, was sie ohnehin schon wissen.

Dafür, dass ich mit ihnen joggen gehe, eine der günstigsten Sportarten der Welt, denn dafür braucht man fast kein Equipment.

Dafür, dass ich ihnen ab und zu eine SMS oder WhatsApp schicke und frage, wie es mit der Ernährung und dem Sport läuft?

Dafür gibt es doch heutzutage schon lange Apps, die das übernehmen können, ganz zu schweigen von der Erinnerungsfunktion in unseren Handys.

Dafür, dass ich sie jede Woche quäle bis zum Gehtnichtmehr, ihnen Schmerzen zufüge, die noch Tage nach dem Training spürbar sind.

Dafür, dass ich es ihnen wirklich schwer mache, ihnen die Energie aus dem Körper sauge, ihre Muskulatur zerstöre!

Dafür bezahlt man mich!

Manchmal frag ich mich: „Bin ich eine Domina?“ :D Das klingt schon wirklich ziemlich verrückt, aber so ist es! Genau das mache ich mit meinen Kunden und ich kriege immer mehr Anfragen, habe so viel zu tun, dass ich es alleine schon lange nicht mehr schaffe.

Aber warum ist das so? Warum funktioniert dieses Geschäftsmodell trotzdem immer noch?

Unser Job ist ein absoluter Wohlstandsjob, der noch wirklich in den Kinderschuhen steckt, vor allem in Deutschland. Es gib heutzutage nur Personaltrainer, weil wir im absoluten Wohlstand leben, weil wir viel mehr haben, als wir tatsächlich brauchen. Wir leben so dermaßen im Überfluss, dass genau dieser Überfluss auch unser größter Feind geworden ist.

Wir können so viel essen, wie wir wollen. Wir kennen es gar nicht, nichts zu essen zu haben. Die Situation, dass wir in den Kühlschrank gucken und nichts drin ist oder das Ereignis, dass wir im Geschäft sind und nichts kaufen können, weil die Regale leer sind. Diese Situationen kennen wir nicht.

Wir können nicht mehr richtig unterscheiden, wie viel für uns gut ist, hören nicht mehr auf unseren Körper und unser Sättigungsgefühl, sondern stopfen alles Mögliche in uns hinein und fressen, wie es nur die Schweine tun.

Ich fasse zusammen: Wir könne nicht mit dem Überfluss umgehen! Was wir dafür bräuchten, wäre Disziplin. Und genau diese mangelnde Disziplin ist es, die uns Personaltrainern unseren Job gibt! Unsere Kunden haben zuerst keine Disziplin, weniger zu essen oder die „richtigen“ Dinge zu essen, keine Disziplin, regelmäßig Sport zu machen. Und somit sage ich: „Ich verkaufe bloß Disziplin“!

Denn wie man abnimmt, was man dafür tun muss, weiß heutzutage fast jedes Kind, aber keiner kriegt es hin, weil wir Menschen mit Überfluss einfach nicht gut umgehen können.

Und genau das ist unsere Aufgabe als Personaltrainer! Wir bringen unsere Kunden dahin.

Und natürlich machen wir auch noch andere Dinge mit unseren Kunden, aber die „Kontinuität“ bringt unseren Klienten zum Ziel. Das ist ein Teil der Disziplin. Und genau das ist es, was ein Kunde von mir bekommt!

Disziplin hat viele Bedeutungen. Wenn du dir Definitionen zu dem Begriff anschaust, dann gibt es verschiedene wie „Form der bewussten Selbstregulierung“ oder „Ordnungsregulierung innerhalb eines Befehlsprinzips“.

Die treffendere Definition im Hinblick auf meinen Beruf ist da etwas anders. Für mich bedeutet Disziplin letztendlich: Das Größtmögliche aus sich herauszuholen und seine Möglichkeiten am besten zu nutzen!

„Hinter deiner Angst liegt dein Glück!

Überwinde deine Ängste

KAPITEL 9

Im Laufe der Jahre als Unternehmer habe ich festgestellt, dass das größte Wachstum meines Unternehmens und meiner Persönlichkeit darin bestand, Dinge zu tun, dir mir Angst machten. Dinge anzufassen oder neue Projekte zu starten, vor denen ich großen Respekt hatte. Dinge, die ich mich eigentlich nicht traute zu tun, die ich dann aber trotzdem gemacht habe. Genau diese Momente in meinem Leben waren es, in denen ich mich am krassesten weiterentwickelt habe.

Wenn du Angst hast, vor Menschen zu sprechen, dann halte Vorträge vor Leuten! Wenn du Angst hast, jemanden zu kontaktieren, der dich evtl. weiterbringen könnte, dann kontaktiere ihn! Wenn du etwas schon sehr lange vor dir herschiebst, weil es dir unangenehm ist, dann mache es!

Das ist ein ganz, ganz wichtiger Rat, den ich dir geben möchte, damit du dich optimal weiterentwickeln kannst. Damit du deine Ziele schnellstmöglich erreichst, damit du das beste Leben leben kannst, welches dir möglich ist.

Ich bin auch immer wieder durch solche Momente gegangen. Am Anfang meiner Karriere war es für mich eine große Herausforderung, vor Leuten zu sprechen, mich zu präsentieren und zu erzählen, wer ich bin, was ich kann und warum man unbedingt mit mir trainieren sollte. Ich hab mich dann einer Unternehmergruppe angeschlossen, in der ich jede Woche erzählen sollte, was ich mache, was mich von der Masse abhebt und warum man mich buchen sollte. Und genau das war mein erster kleiner Durchbruch, denn hier habe ich in den ersten Jahren soll viele Kunden bekommen, das ich innerhalb eines Jahres ausgebucht war und Mitarbeiter einstellen musste, um alle meine Anfragen und Aufträge zu bearbeiten.

Das war für mich damals ein absoluter Beweis dafür, dass man sich den Herausforderungen stellen muss, um etwas zu bewirken. Ein absoluter BIG-MOMENT in meiner Karriere!

Ich hatte mir schon länger überlegt, dass ein Mentor für mich hilfreich wäre. Jemand, der schon lange erfahrener Unternehmer wäre, jemand, der das, was ich wollte, bereits erreicht hatte, jemand der mir sagte, wie man was macht, wie man denken muss, wie man auf verschiedene Situationen reagiert. Ich wollte einen Coach, der mir bei Fragen zur Seite steht und mir in schwierigen Momenten helfen würde.

Als Personaltrainer kennt man natürlich relativ viele erfolgreiche Unternehmer, weil der Kundenkreis insbesondere Unternehmer beinhaltet. Ich wollte aber niemanden, der mit mir trainierte. Ich wollte das trennen. Ich begann also, meinen Wunsch anderen Leuten zu erzählen. Das waren Freunde, Bekannte und Kunden.

Es tat sich erstmal nichts, ziemlich lange tat sich sogar gar nichts! Aber dann, nach über einem Jahr des Umhörens, Suchens und Stöberns, bekam ich eine Empfehlung von einer Freundin. Sie empfahl mir einen Freund von ihr, der schon seit Jahrzehnten Unternehmer war und aktuell knapp 500 Leute beschäftigt. Ich war natürlich begeistert über die Empfehlung.

Aber ich muss sagen, dass es mich unglaubliche Überwindung gekostet hat, ihn anzurufen. Ich hab es vor mir hergeschoben, hab tagelang nicht angerufen, obwohl ich es mir jeden Tag vorgenommen hatte.

Doch dann tat ich es, ich hab seine Nummer gewählt und mich vorgestellt, er wusste natürlich zuerst gar nicht, was ich von ihm wollte. Und du kannst dir auch sicher vorstellen, dass jemand in seiner Position nicht wirklich viel Zeit hat, sich etwas von einer fremden Person anzuhören. In dem Gespräch machten wir aber aus, dass er sich wieder melden würde, wenn er seinen Terminkalender zur Hand hat.

Ich habe auf den Anruf gewartet, mehrere Tage, es ist nichts passiert, er hat mich nicht zurückgerufen. Also habe ich seine Nummer erneut gewählt, was noch mehr Überwindung gekostet hat als beim ersten Mal, und selber wieder die Initiative ergriffen und ihn angerufen.

Das Ergebnis war, dass ich wirklich einen Termin mit ihm bekommen habe. Er ist dann mein Mentor geworden und hat mir sehr wertvolle Tipps während unserer Zusammenarbeit geben können, die mich als Unternehmer weitergebracht haben. Es war eine wirklich sehr wertvolle Zeit mit ihm.

Ich denke grundsätzlich auch, dass so gut wie jeder Mensch einen Mentor braucht. Jemanden, der schon das hat, was man selber haben will, der schon da ist, wo man hin möchte. Am besten wäre es natürlich, wenn dieser Mentor aus der gleichen Branche kommt und mit gleicher oder ähnlicher Dienstleistung oder Produkten handelt wie du. Aber grundsätzlich ist jede Person geeignet, die für dich ein Vorbild ist und die schon Dinge erreicht hat, die du erreichen möchtest.

Wichtig bei der Auswahl eines Mentors ist natürlich, dass ihr die gleichen oder ähnlichen Wertvorstellungen habt, denn sonst wird das mit euch beiden nichts!

Fazit:
Gehe immer wieder in Situationen hinein, die unangenehm sind, die schmerzen, die wehtun, die dir Angst machen, denn genau hierdurch geschieht dein größter Wachstum. Genau hier wirst du dich am optimalsten weiterentwickeln und am schnellsten an deine Ziele kommen!
Hier liegt das Glück im Leben versteckt.

„Wenn dir ein nächstes Projekt keine Angst macht, dich nicht wirklich herausfordert, dann ist es zu klein!

Warum du Schmerzen brauchst

KAPITEL 10

Jetzt denkst du wahrscheinlich: Was will er denn von mir?! Ich brauche keine Schmerzen!!!

Pass auf: Wir Menschen sind Wesen, die möglichst immer den Weg des geringsten Wiederstandes gehen möchten, die immer den leichtesten Weg suchen, ohne Gegenwehr, ohne Hindernisse und ohne Schwierigkeiten. Das ist ja einerseits auch verständlich, denn wer will es schon schwer haben?

Ich kann dir aber sagen, die Dinge, die uns am allerschwersten fallen, die Dinge, die überhaupt keinen Spaß machen, die uns herausfordern, die wirklich unangenehm sind und die wir eigentlich nicht fühlen oder machen möchten, sind genau die Dinge, die uns in unserem persönlichen Wachstum am allerweitesten bringen.

Da, wo wir die größten Probleme haben, sitzt unser größtes Potenzial, uns optimal weiterzuentwickeln. Und aus diesem Blickwinkel musst du dir Folgendes sagen:

Schmerz ist nichts Schlechtes!

Schmerz ist der Beweis, dass du richtig liegst!

Schmerz ist ein Zeichen, dass wir richtig sind, dass wir auf der richtigen Spur zu unserem Ziel sind und genau hier weitermachen sollten. Sich immer wieder in Situationen hineinzubegeben, die unangenehm sind, ist natürlich immer wieder sehr herausfordernd und anstrengend. Aber ich bin mir zu 100% sicher, dass, wenn du dies immer und immer wieder tust, du an dein Ziel gelangen wirst und das beste Leben leben wirst, das du leben kannst! Du wirst die beste Version deiner selbst sein.

Ich will dir dazu ein Schaubild geben.

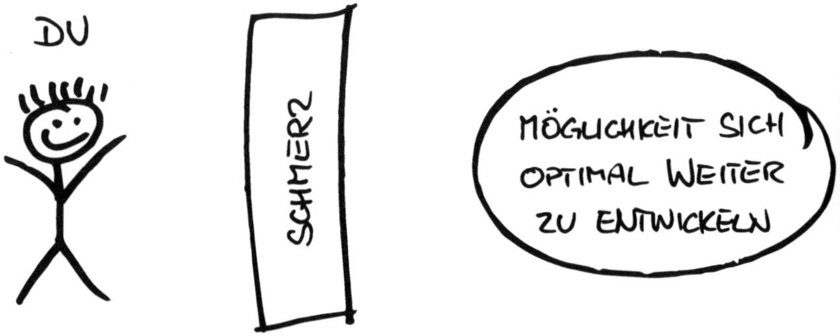

Auf der linken Seite bist du, auf der rechten Seite ist die Möglichkeit, sich optimal weiterzuentwickeln und schnellstmöglich an sein Ziel zu kommen.

Beachte: Dies ist erst die Möglichkeit, noch nicht die absolute Sicherheit! Das Ganze wird durch den Schmerz voneinander getrennt, wird von Situationen, die du nicht magst und als unangenehm empfindest, von dir blockiert. Du versperrst dir also selbst die Möglichkeit, dich weiterzuentwickeln!

Was du jetzt zu tun hast: Überlege dir, welche Situationen dir schwer fallen, welche Situationen du meidest, weil sie dir unangenehm sind. Und jetzt begib dich genau in diese Situation und stelle dich der Herausforderung!

Auch wenn es in dem Moment keinen Spaß macht, bin ich mir ziemlich sicher, dass es dich sehr weit nach vorne bringen wird und du einen großen Schub in deiner Persönlichkeit machen wirst.

Ich hab das auch ausprobiert und ich kann dir sagen: Es funktioniert wirklich!!! Ich stelle mich immer wieder meinen Ängsten und jedes Mal wachse ich weiter und werde besser in dem, was ich tue.

Was ich dir allerdings sagen muss, ist, dass das nicht enden wird. Dass du immer wieder in unangenehme Situationen und Ängste geraten wirst. Aber die Dinge, die dir vor einen Jahr noch Angst gemacht haben, sind für dich heute kein Problem mehr. Und die Dinge, die dir heute unangenehm sind, sind in zwei Jahren Kinderkram für dich!

Und meine Erlebnisse und Erfahrungen sind die besten Beispiele dafür! Deshalb kann ich es nicht oft genug wiederholen. Mir war es unangenehm, auf Menschen zuzugehen und mich vorzustellen. Zu erzählen, wer ich bin, was ich mache und was mein Nutzen ist.

Ich habe Geschäftsveranstaltungen besucht, Netzwerktreffen oder Business-Lunches und mich immer wieder in die gleichen, für mich damals unangenehmen Situationen begeben. Und genau das hat mir damals so viele Kunde gebracht, hat mich in meinem Berufsleben unglaublich nach vorne gebracht. Auf eine Art, wie ich es mir nicht hätte vorstellen können.

Ich war anfangs auch immer echt aufgeregt, hatte trotz meiner guten Ausdauer vom Joggen einen extrem hohen Puls. Ich konnte teilweise die Nächte nicht richtig schlafen, weil ich so aufgeregt war. Es hat mir echte Sorgen bereitet! Aber wie schon mehrfach gesagt:

Ich bin so froh, dass icqh damals meine Ängste überwunden habe, denn das war eine der größten Wachstumsphasen meiner damaligen Karriere.

Fazit:
Schmerz ist nichts Schlechtes und jedes Mal, wenn du in Situationen gerätst, die unangenehm und angsteinflößend sind, ist das ein Zeichen dafür, dass du dich hier optimal weiterentwickeln kannst und das Allerbeste aus dir herausholen wirst!
Begib dich aber heute immer wieder in Momente des Schmerzes und stelle dich deiner Angst. Ich kann dir fast schon garantieren, dass du wachsen und deine Ziele erreichen wirst.

Du kannst mehr als du denkst

KAPITEL 11

Oft ist es so, dass wir versuchen, tun und machen, und wir trotzdem das Gefühl haben, dass nichts klappt, dass wir nicht wirklich vorankommen und dass alles gegen uns arbeitet. Ja, dieses Gefühl habe ich auch schon öfter gehabt.

Ist dir schon mal aufgefallen, dass wir oft überschätzen, was wir in zwei Monaten erreichen können, aber deutlich unterschätzen, was wir in zwei Jahren schaffen können? Wir sind kurzzeitig hoch motiviert, stecken uns hohe Ziele für kurze Zeit, die wir dann nicht erreichen und lassen infolgedessen alles wieder fallen. Wir glauben nicht mehr an uns und sind noch demotivierter als vorher! Das erinnert mich ein bisschen an unsere Kunden, die abnehmen wollen: Sie versuchen es, scheitern und sind im Nachhinein noch dicker als zuvor.

Jetzt gucke mal in die Vergangenheit. Was genau ist in den letzten zwei Jahren alles passiert? Wie hat sich dein Leben verändert? Wie hast du dich weiterentwickelt?

Ich bin mir ziemlich sicher, wenn du jetzt wirklich über die letzten Jahre deines Lebens nachdenkst, wirst du realisieren, dass die Zeit nicht stehen geblieben ist und du schon sehr viel weiter bist als vor 48 Monaten. Du hast dich weiterentwickelt und bist nach vorne gekommen.

Ich möchte dir damit sagen, dass du dir kurzfristige, aber auch langfristige Ziele stecken sollst. Denke nicht in zu kurzen Etappen, aber auch nicht nur langfristig.

So war es auch bei mir: Ich war innerhalb eines Jahres von 4–5 Kunden auf über 25 Kunden gewachsen.

Und vorher habe ich über zwei Jahre fast keine Kunden gehabt! Das war natürlich ein anstrengendes Jahr mit all den neuen Kunden und neuen Situationen, die diese mit sich bringen. Das hat mich viel Kraft, Zeit und Nerven gekostet. Es war aber auch DAS Jahr, indem ich mich unfassbar weit entwickelt habe. Das ist mir auch erst hinterher aufgefallen, als ich das Jahr nochmal Revue passieren ließ.

In diesem Jahr, wo es so bergauf ging, hab ich auch oft das Gefühl gehabt, dass es unheimlich langsam vorangeht und ich eher auf der Stelle trete und nicht so vorankomme, wie ich es gerne hätte. Was jetzt im Nachhinein total merkwürdig klingt und irgendwie gar nicht nachvollziehbar ist, aber damals hat es sich für mich so angefühlt.

SAGE DANKE

Schließe jeden Tag mit einem Danke ab

Ich empfehle dir, jeden Abend mit einem Dankeschön abzuschließen und dir drei Dinge zu überlegen, für die du dankbar bist. Drei Dinge, die dich an diesem Tag nach vorne gebracht haben, auf die du stolz bist und mit denen du zufrieden bist. Das können Dinge sein wie, dass du einen neuen Kunden bekommen hast, dass dein Kunde sein Ziel erreicht hat, dass ein Klient seine Rechnung endlich bezahlt hat, dass du einen neuen, interessanten Geschäftskontakt bekommen hast.

Es gibt so viele Möglichkeiten, sich über seinen Tag zu freuen, es ist nur wichtig, dass du dir diese Kleinigkeiten auch wirklich bewusst machst. Letztendlich sind es die kleinen Dinge, die dich jeden Tag einen Schritt weiter nach vorne bringen werden zu dem großen Ziel, das du dir gesteckt hast. Jeden Tag einen Zentimeter, und am Ende des Jahres hast du dein Ziel erreicht.

Du musst ein Schwein sein

KAPITEL 12

Die Erfolgsquote meiner Kunden ist ziemlich hoch. Aber woran liegt das? Warum bin ich so viel besser als viele andere Trainer?

Ganz einfach! Ich bin ziemlich hart, ich verlange von meinen Kunden, dass sie das tun, was wir zusammen abgesprochen haben. Dass sie die Aufgaben erfüllen, die ich ihnen gegeben habe, dass sie sich richtig ernähren und den Sport machen, den wir vereinbart haben.

Ich nutze dafür natürlich die Techniken, von denen ich dir zum Beispiel bereits in meinem Kapitel „Kommunikation: Du kannst nicht nicht kommunizieren“ erzählt habe.

Nach jedem Training sage ich ihnen, dass sie sich wirklich zu 100% richtig ernähren sollen und die Sporteinheiten machen müssen. Gucke deinem Kunden dabei unbedingt in die Augen, das ist wirklich wichtig, denn so stellst du nochmal eine gewisse Verbindlichkeit her. Frage ihn, wann er die nächsten Sporteinheiten macht (wenn er dich nicht öfter die Woche gebucht hat)! Frage, an welchem Tag und am besten auch noch zu welcher Uhrzeit er Sport treiben wird, denn das lässt ihn wirklich darüber nachdenken, wann er es wirklich macht.

Du wirst nicht immer eine genaue Uhrzeit von ihm bekommen, was aber auch nicht so schlimm ist. Er soll sich nur darüber Gedanken machen und sich bewusst werden, damit er in den nächsten Tagen Sport machen wird. Schaffe die Situation, dass er Rechenschaft an dich ableisten muss, wenn er sich nicht an die Vereinbarungen hält, aber halte das Gefühl hoch, dass ihr auf der gleichen Seite seid und ihr die ganze Zeit am selben Strang zieht.

„Verbal in die Fresse!

Es dürfen auf keinen Fall zwei Parteien entstehen, denn das seid ihr nicht, ihr habt das gleiche Ziel! Ihr seid ein Team!

Viele meiner Kunden weinen in meinem Training, nicht, weil ich sie beleidige oder weil ich ihren Körper so starken Schmerzen aussetze, sondern weil ich sehr viel an deren Köpfen arbeite. Weil ich Antworten von ihnen haben will, die das eigentliche Problem darstellen und das kann wehtun. Übergewicht oder Antriebslosigkeit haben in der Regel eine psychische Ursache.

Du verstärkst durch die Kopfarbeit deine Kundenbindung nochmal um ein Vielfaches. Sei hart zu deinen Kunden, fordere viel von ihnen, auch wenn sie dich in dem Moment hassen werden. Auch wenn sie keine Lust darauf haben oder gerade, wenn sie keine Lust darauf haben. Denn das macht sie stärker. Im Nachhinein werden sie dich lieben und werden dir unendlich dankbar sein. Ich erlebe das immer wieder. Sie haben dich gebucht, damit sie an ihr Ziel kommen und das wirst du mit ihnen – komme was wolle – auch erreichen!

Du musst wirklich manchmal auch in die Konfrontation gehen. Manchmal emotional deine Kunden da anpacken, wo es wehtut! Nicht weil du sie nicht magst, sondern *weil* du sie magst.

Eine Kundin hat mal zu mir gesagt: „Jari, du bist der erste Mensch, der zu mir gesagt hat, dass ich fett bin!“ Ich musste erst einen Moment darüber nachdenken und hab dann gefragt: „Und war das schlimm?“ Woraufhin sie meinte: „Nein, eigentlich nicht!“

Dieses Mädchen hat bis heute über 70kg mit mir abgenommen und gehört zu den größten Erfolgen meiner Personaltraining-Karriere.

Ich will, dass du mit deinen Kunden wirklich Tacheles redest, ich will, dass du ehrlich zu ihnen bist, denn du kennst doch sicher den Spruch: *„Wenn er wirklich dein Freund ist, wird er dir die Wahrheit sagen!“* Du bist zwar nicht der Freund deines Kunden, sondern sein Trainer, aber du willst, dass er sein Ziel erreicht und das wird er nur, wenn er der Wahrheit wirklich ins Auge blickt.

„Ich sage dazu immer, dass ich meinen Kunden verbal in die Fresse schlage!“

Sei in deiner Rolle, aber bleib du selbst

KAPITEL 13

Eine auch sehr wertvolle Botschaft, die ich dir mitgeben möchte, ist: Sei in deiner Rolle!

Was bedeutet das? Wir Menschen sind immer in einer gewissen Rolle. Bei meiner Frau bin ich in der Rolle des Ehemanns, bei meinen Kindern immer in der Rolle des Vaters, bei meinen Eltern in der Rolle des Sohnes und bei meinen Klienten bin ich in der Rolle des Personaltrainers. Und das ist auch gut so, das hat nichts mit verstellen zu tun, sondern nur mit dem optimalen Umgang mit deinen Mitmenschen.

Du musst allerdings ziemlich darauf aufpassen, nicht zu sehr in die einzelnen Rollen zu schlüpfen. Immer nur so sehr, dass es dich nicht anstrengt, die Rolle einzunehmen und immer nur bis zu dem Grad, wo du immer noch du selbst bist. Ansonsten würde es dem Inhalt des vorherigen Kapitels widersprechen. Das ist wirklich super wichtig, denn sonst kann es früher oder später zum Burnout führen.

Das war auch lange Zeit ein Fehler, den ich gemacht habe, denn ich bin in den ersten Jahren auch immer zu sehr in die Rolle des Personaltrainers gestiegen und das war unglaublich anstrengend. Denn man verstellt sich, man ist nicht mehr man selbst, und vor allem auch nicht mehr authentisch! Und wie ich ja schon sagte, ist die Authentizität das, was dich ausmacht, das, was die Leute an dir lieben werden. Wenn du zu sehr in die Rolle eines Coaches gehst, verstellt sich deine Stimme, verstellt sich deine Körperhaltung, verstellt sich dein Wesen – aber genau das ist es, was du bist, was dich ausmacht, was dir eine gewisse Echtheit verleiht.

Natürlich sollst du eine klare und kräftige Stimme haben, sollst du aufrecht und mit Körperspannung deine Personaltrainings abhalten, aber bitte sei dabei kein anderer Mensch, sondern immer noch du selbst!

Was ich noch im Laufe der Jahre als Personaltrainer gelernt habe, ist, dass du in der Lage sein musst, deinen Kunden wirklich tief in die Augen zu schauen. Bei jedem Verlassen des Trainees nach einer Stunde schaust du ihm bitte in die Augen, deine Füße sind zu ihm gerichtet, dein Körper hat Spannung, deine Stimme ist klar und du definierst dabei das Ziel für die nächste Woche. Was er an Sport ohne dich machen soll, was er essen soll und was er sonst noch für Aufgaben hat, die du ihm gibst.

Mach das bitte genauso, wie ich es dir eben beschrieben habe, denn das ist eine ganz, ganz wichtige Sache, um deinen Kunden dahin zu bringen, wohin er möchte und wofür er dich gebucht hat. In diesem Moment bist du absolut in der Rolle des Coachs und drückst mit deiner Körperhaltung und deiner Stimme ein Signal aus, das die meisten Klienten verstehen. Und mach das bitte nicht, während du die Matte aufrollst, deine Tasche packst und deinem Trainee nicht wirklich in die Augen gucken kannst.

Mache eine verbindliche Ansage, was bis zum nächsten Training erreicht werden soll. Achte darauf, dass er das definierte Ziel bis zur nächsten Woche auch ausspricht, denn du hast ja vorher schon gelernt, dass es unglaublich wichtig ist, die Dinge und die Ziele laut auszusprechen. Sie werden so verfestigt und bleiben nicht nur in unseren Köpfen, wenn wir sie laut in die Welt sprechen.

Fazit:

Jetzt weißt du, was ich mit ›Rolle‹ meine!

Sei nicht zu sehr in dieser Rolle, aber auch nicht zu wenig! Verstelle dich nicht zu sehr, denn deine Echtheit ist es, was deine Kunden an dir lieben werden, was dich interessant und anziehend macht. Sei du selbst und nutze trotzdem die Rolle des Personaltrainers, um die Ziele deiner Klienten Woche für Woche zu definieren und zu erreichen.

Arbeit ist Arbeit, privat ist privat

KAPITEL 14

Als Personaltrainer sind wir wirklich sehr eng mit unseren Kunden verbunden. Wir haben ein enges Verhältnis zu unseren Trainees, was auch gut ist, denn je mehr unsere Kunden uns vertrauen, umso besser können wir mit ihnen arbeiten.

Allerdings müssen wir aufpassen, dass es nicht zu eng wird und sie uns nicht zu sehr einnehmen. Wir sind nämlich nicht nur für den Körper unserer Kunden verantwortlich, sondern haben auch einen großen Anteil daran, wie es der Psyche unserer Klienten geht.

Ich habe Geschichten und Leidenswege im Training gehört, die ich in dem Moment super interessant fand, aber im Nachhinein nicht wirklich gerne hätte hören wollen. Man erfährt über Affären, Betrügereien, Kontostände und andere schmutzige Geschäfte, einfach alles. Viele Klienten haben sich bei mir auch einfach ihre Seele wieder frei geredet, das hatte teilweise schon etwas von beichten an sich.

Es gibt auch Kunden, die saugen dir förmlich deine Energie aus dem Körper. Wenn du jetzt mal über verschiedene Personen in deinem Umfeld nachdenkst, kennst du sicherlich Leute, mit denen du dich hinterher viel besser als vorher fühlst. Und dann kennst du sicherlich auch ganz andere Leute. Wenn du mit denen Zeit verbringt, bist du hinterher total kaputt. Und genau solche Personen gibt es auch im Personaltraining als Klienten.

Von solchen Menschen musst du dich trennen, musst du immer einen gewissen Abstand halten, darfst dich nicht aussaugen lassen. Das heißt nicht, dass du diese Art von Menschen nicht trainieren darfst, natürlich darfst du mit ihnen arbeiten, aber du darfst eine gewisse Grenze der Nähe einfach nicht überschreiten, denn sonst ist das schlecht für dich, denn es zieht unglaublich viel Energie von dir ab.

Du musst auch vorsichtig sein, wenn du dich mal außerhalb des Trainings, also privat, mit deinen Kunden treffen solltest. Denn es kommt schnell das Gefühl beim Kunden auf, dass ihr jetzt Best Buddys seid und er auch mal kurzfristig absagen kann, weil ihr ja auch Freunde seid, und nicht nur Trainer und Kunde. Du musst auch bei privaten Treffen aufpassen, dass deine Aussagekraft und deine Autorität nicht verschwinden. Das ist meiner Meinung nach einer der größten Gefahren bei privaten Verabredungen.

Wenn du mit einem Kunden wirklich etwas erreichen musst, sei es zum Beispiel abnehmen, brauchst du unbedingt diese Autorität als Personaltrainer, dann muss deine Aussage kräftig und durchdringlich sein. Und das geht leider schnell bei solchen Treffen kaputt. Daher mache ich private Treffen nur, wenn ich mit meinem Kunden schon da bin, wo ich mit ihm hinwollte und es nur noch um Erhalt geht und nicht mehr so viel erreicht werden muss.

Um sich von den Kunden nach der Stunde zu trennen, hab ich immer wieder das gleiche Ritual. Dies wende ich an, wenn ich zum Beispiel einen Kunden hatte, der mich mental sehr forderte und Energie von mir abgesaugt hat.

Ich verabschiede mich von ihm nach dem Training, setze mich in mein Auto und schneide den Moment von mir weg. Das mache ich, indem ich auf dem Fahrersitz meines Autos sitze, meine Handinnenflächen zueinander zeigen lassen, dabei auf meinen Schoß gucke und die Luft mit meinen Händen einmal durchschneide und das Ganze dann mit meiner rechten Hand nach links in die Vergangenheit schiebe.

Wie gesagt: Das mache ich nicht nach jedem Kunden, nur nach denen, die mir Dinge erzählt haben, über die ich nicht mehr nachdenken möchte oder nach Energiesaugern.

Eine andere Methode, der sich viele Psychotherapeuten bedienen, ist, dass sie sich während ihrer Sitzung Notizen in ihr Buch schreiben,

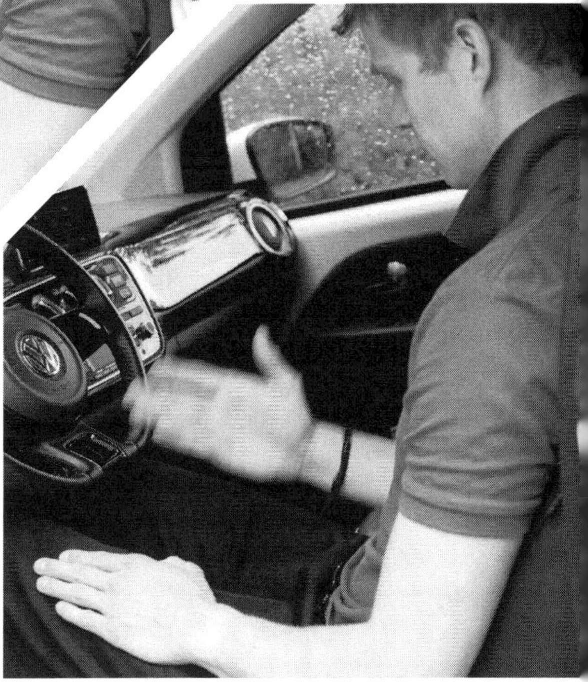

das Ganze nach der Stunde nochmal überarbeiten und sich darüber Gedanken machen und es dann mit dem Schließen des Buches abschließen. Ihre Gedanken können sie dann wieder anderen Klienten oder eigenen Dingen widmen. Wichtig bei so einem Prozess der Trennung ist, dass man es wirklich bewusst macht, dass man sich wirklich ganz bewusst von den Dingen trennt, die man nicht mehr mit sich rumschleppen möchte.

Es wäre gut, wenn du das als Muster/Gewohnheit in deinen Arbeitsalltag einbaust und es als Selbstverständlichkeit zu deinen Personaltrainings dazugehört.

Fazit:

Habe ein gutes Verhältnis zu deinen Kunden, aber übertreibe es nicht.
Du kannst gerne auch privaten Kontakt zu ihnen haben, aber bitte nicht zu eng. Halte deine Autorität als Trainer unbedingt hoch, also achte bei privaten Treffen darauf. Trenne dich innerlich von deinen Kunden nach den Trainingseinheiten, besonders von den Energiesaugern.

Nutze dein Potential

KAPITEL 15

Immer müssen wir motivieren, müssen anderen in den Arsch treten und sie antreiben. Aber wer motiviert eigentlich uns?

Wir als Personaltrainer haben ganz wichtige und wertvolle Eigenschaften. Sie sind viel wertvoller, als wir uns anfangs überhaupt bewusst sind. Wir haben die Fähigkeit der Kontinuität, die Fähigkeit der Disziplin und die Fähigkeit, in den Schmerz hineinzugehen. Wir kennen das aus unserem persönlichen und privaten Sport, denn wir sind in Bezug auf Bewegung schon lange sehr diszipliniert. Wir sind sportlich, sind es gewohnt am Ball zu bleiben und uns dauerhaft immer wieder zu bewegen. Wir sind es gewohnt, immer wieder an die Grenzen zu gehen und fordern uns immer wieder neu, bis in den Schmerz, bis wir nicht mehr können, bis die Lunge oder der Muskel brennt!

Für uns ist es eine Selbstverständlichkeit, uns immer und immer wieder weiter zu entwickeln, immer wieder an den Punkt zu gehen, der unangenehm ist. Genau das ist der Punkt, der uns hilft, besser zu werden, da, wo es brennt, da, wo wir keine Lust mehr haben, die letzten 2–3 Wiederholungen, die brauchen wir, um uns wirklich zu verbessern. Wir machen regelmäßig Sport, haben feste Muster in unser Leben eingebaut und gehen immer wieder an den Punkt, der wehtut.

Und genau diese Fähigkeiten können wir absolut eins zu eins auf unsere Selbstständigkeit als Personaltrainer übertragen. Denn als Unternehmer gibt es auch immer wieder Situationen, auf die wir keine Lust haben, auf die wir wirklich gerne verzichten könnten.

Aber genau diese Momente, die Momente, wo es einfach unangenehm ist, wir in unangenehme Situation geraten oder uns bewusst hineinbegeben, genau diese Dinge lassen uns in unserem Unternehmersein weiter wachsen. Wenn wir möglichst schnell ausgebucht sein wollen oder einen noch höheren Stundensatz erreichen wollen, braucht es diese Momente des Schmerzes, um uns optimal weiterzuentwickeln.

Diese Fähigkeit haben wir schon, das ist ein ganz großer Vorteil gegenüber anderen Menschen, die keinen oder nur sehr wenig oder lockeren Sport machen. Wir haben die Fähigkeit der Kontinuität. Wir wissen genau, dass eine Stunde Sport noch lange niemanden sportlich macht, noch niemandem einen Sixpack oder einen straffen Körper beschert. Und genauso verhält es sich im beruflichen Leben. Die Kontinuität bringt Stabilität. Arbeite kontinuierlich immer wieder weiter an deiner Firma. Verbessere dich immer wieder, suche dir immer neue Wege und Möglichkeiten, die dich noch besser machen, bewege dich noch schneller und werde effektiver. Dein Vorteil ist, dass du es in deinem sportlichen Leben schon kannst. Übertrage dieses Muster, diesen Vorteil auf dein berufliches Leben. Es wird dir sehr viel leichter fallen als anderen Menschen.

Auch wenn es nicht jeden Tag sichtbar ist, dass du dich verbesserst und du auch oft das Gefühl hast, dass du dich fast gar nicht weiterentwickelst. Es wird so sein. Denke an das Krafttraining. Jede Stunde bewirkt etwas, aber das Sixpack siehst du erst zum Schluss. Wenn du nach einem halben Jahr zurückblickst, wirst du feststellen, dass sich in den letzten sechs Monaten doch sehr viel getan hat und du deinem Ziel schon viel näher gekommen bist.

Kontinuität ist eine so entscheidende Sache, eine so wichtige Fähigkeit, um langfristig erfolgreich zu sein. Und du hast den Vorteil, dass du sie in einem deiner Lebensbereiche bereits beherrschst.

Ich glaube, du musst nicht einmal richtig gut sein, um als Personaltrainer ausgebucht zu sein. Du musst es einfach immer und immer wieder versuchen, darfst niemals aufgeben und du wirst sehen, dass es funktioniert.

Ich sage dir also, dass du als Personaltrainer, der etwas erreichen möchte, der sich vergrößern will, schon grundsätzlich alle Fähigkeiten, die du dafür brauchst, in dir hast. Du hast bereits das Werkzeug in dir.

Du musst es vielleicht noch etwas suchen, aber du wirst es finden. Und da kommen wir dann auch schon wieder zu meinem Lieblingsthema: Glaubenssätze.

Fazit:
Du hast jetzt schon unglaublich tolle Fähigkeiten in dir, du musst sie nur von deinem sportlichen Alltag auf deinen beruflichen Alltag übertragen und bist quasi nicht mehr zu stoppen. Genau wie beim Sport musst du dich nicht täglich aufraffen, über die Grenze zu gehen. Denn du kannst es bereits! Deine Kontinuität und deine Disziplin im sportlichen Bereich sind deine persönlichen Vorteile! Nutze sie für deinen beruflichen Erfolg! Du trägst wirklich sehr kostbare Eigenschaften in dir!

Gib niemals auf

KAPITEL 16

Wenn ich dir wirklich eine Sache an die Hand geben darf, dir wirklich etwas sagen möchte, dann dies: „Gib niemals auf, niemals!“ Es gab viele Momente, in denen ich gedacht habe, ich schmeiße den ganzen Scheiß hin, ich hab keinen Bock mehr, ich will nicht mehr! Ich hab oft gedacht, ich kann das nicht, ich kriege das nicht hin! Letztendlich aber wollte ich es wirklich. Ich wollte wirklich hauptberuflicher Personaltrainer sein, ich wollte wirklich Menschen dabei unterstützen, dünn, gesund und glücklich zu sein.

Guck dir die Karriere von Michael Jordan an, einer der besten Basketballspieler aller Zeiten. Er hat über 9000 Würfe verfehlt, 26-mal wurde ihm der alles entscheidende Wurf anvertraut und er hat versagt. Er hat es aber immer und immer wieder versucht, hat weiter gemacht, nicht aufgegeben und nur deshalb ist er so unfassbar erfolgreich geworden. Er wollte es einfach. Er hat an sich geglaubt und an sich gearbeitet. Er wollte der Beste werden und wurde es dann schließlich auch!

Oder Abraham Lincoln, der 16. Präsident der Vereinigten Staaten: Er hat so viele Wahlen verloren, wurde so oft nicht in das Amt gewählt, für das er sich hatte aufstellen lassen. Und dann hat er es irgendwann geschafft, Präsident der USA zu werden. Heute, 200 Jahre nach seiner Geburt, ist er immer noch so unglaublich bekannt wie sonst kein anderer US-Präsident der letzten Jahrhunderte. Er hat so viele Fehlschläge erlitten, wurde so oft abgewiesen und hat trotzdem nicht aufgegeben.

Oder guck dir Menderes an, der Sänger von „Deutschland sucht den Superstar“, der bis heute überhaupt nicht singen kann und immer wieder abgelehnt wurde. Er kommt aber jedes Jahr zum Casting von DSDS und versucht es immer wieder. Er wird es wahrscheinlich nicht schaffen, diesen Contest zu gewinnen, aber er ist inzwischen extrem bekannt in Deutschland. Er ist hauptberuflicher Sänger und bekommt unglaublich hohe Gagen für seine Auftritte und das, obwohl er nicht mal wirklich singen kann. Ich halte auch nicht viel von seinem Gesang, aber sein Wille und seine Begeisterung, seinen Traum zu leben, zu verfolgen und niemals aufzugeben, sind einfach der Hammer!

Kennst du das Beispiel mit dem Goldgräber? Ein Mann arbeitete seit 20 Jahren in einer Goldmine, fand aber fast kein Gold. Irgendwann sagte er sich dann: „Das hat doch alles keinen Sinn mehr, ich höre auf!“ Als er dann aufhörte, kam ein anderer und machte an der gleichen Stelle weiter. Er schlug einmal in den Fels und fand die fetteste Goldader aller Zeiten.

Oft ist es so, als wenn alles, was wir tun, keinen Sinn ergeben würde. Es scheint so, als wenn wir nicht vorankämen und auf der Stelle träten. Aber genau in diesen Momenten müssen wir weitermachen. Genau in den Zeiten, wo es am allerschwersten ist, wo wir kaputt sind, wo wir ausgelaugt sind, wo es keinen Spaß mehr macht, weil alles so zäh und zermürbend ist. Genau hier müssen wir nochmal richtig Gas geben, und so werden wir unseren Erfolg bekommen!

Ich glaube, Erfolg ist eine ziemlich sichere Sache. Du musst nur lange genug versuchen dich weiterzuentwickeln, neue Wege auszuprobieren. So wirst du dein Ziel erreichen. Vielleicht über einen Umweg. Aber wenn das Ziel erreicht ist, scheint auch der größte Umweg klein.

Ein ganz wichtiger Grundsatz in meinem Leben ist:

Wo ein Wille ist, ist auch ein Weg!

Wenn du etwas wirklich willst, dann wirst du auch den Weg finden und auch in der Lage sein, ihn zu gehen.

„Wo ein Wille ist, ist auch ein Weg!

Marketing

KAPITEL 17

Wenn ich über mein Marketing nachdenke, muss ich sagen, dass ich mich aktuell zur Mittelklasse zählen würde. Ich war nicht wirklich gut im Marketing. Ich hatte aber das Glück, schlechte Konkurrenz in meinem Umfeld zu haben. Die Personaltrainer, die mir hätten „gefährlich“ werden können, hatten einfach ein noch schlechteres Marketing und daher wurde es mir „leicht“ gemacht, mich bekannt zu machen.

Wobei, wenn du meine Vorgeschichte gelesen hast, weißt du, dass es für mich alles andere als leicht gewesen ist, mich im Markt zu etablieren und überhaupt ein paar Kunden zu bekommen.

MÖGLICHKEITEN, AN KUNDEN ZU KOMMEN:

Allgemein kann ich Folgendes sagen: Wichtig ist, dass du als Personaltrainer präsent bist und immer wieder auf ganz unterschiedlichen Veranstaltungen auftauchst – auch auf solchen, die nicht unbedingt etwas mit Sport zu tun haben.

Versuch dich nicht aufzudrängen, sondern versuche, die Leute eher zu unterstützen, halte dich nicht zurück mit deinen Tipps, aber wirke nicht belehrend! Gib immer gerne kostenlose Tipps an alle, die dich fragen, denn ich habe die Erfahrung gemacht, dass man zuerst geben muss, bevor man wirklich bekommt. Du sollst zwar keine Stunden verschenken, aber du sollst auch nicht mit deinem Wissen hinter dem Berg halten.

Wenn die Menschen um dich herum sehen und hören, dass du viel weißt und Ahnung auf deinem Gebiet hast, macht es dich sehr interessant und lässt dich kompetent erscheinen.

Gib nicht gleich jedem deine Visitenkarten, es soll nicht so aussehen, als würdest du damit rumaasen, aber sei auch nicht geizig damit!

Mit der Zeit kriegst du ein Gefühl, wer für dich interessant werden könnte und wer eher nicht, denn das Gute an unserem Job ist, dass wir einfach auf die Körper unserer potenziellen Kunden gucken müssen und meist schon ziemlich gut sehen können, ob wir hier gebraucht werden oder nicht! ;-)

Netzwerke:
Wie du schon gelesen hast, ist das mein Durchbruch gewesen. Denn durch die Netzwerke, in denen ich war, habe ich sehr viele Kunden bekommen. Netzwerke sind z.B. Veranstaltungen, in denen sich beispielsweise lokale Unternehmen vorstellen.

Das Gute auf Netzwerkveranstaltungen, die oftmals mit einem gemeinsamen Essen einhergehen ist, dass dein Beruf immer gleich aufgegriffen werden kann und man so z.B. über das Thema der richtigen Ernährung, zum Thema Körpergewicht und dann meist zum Thema Sport überleiten kann. Diese Gespräche kannst du nebenbei natürlich gut für dich nutzen, denn hier bist du der Profi! Ich habe es bei so vielen Netzwerkveranstaltungen mit Essen erlebt, dass ich am Ende oft im Mittelpunkt stand, weil alle plötzlich über das Essen gesprochen haben. Was nun gesund sei und was nicht, was zum Abnehmen funktionieren würde und was nicht. Und das ging wie von selbst, obwohl ich mich nicht als extrovertierten Menschen beschreiben würde.

Internet:
Das war damals auch ein ganz großer Schlüsselfaktor für mich und meinen Erfolg als Personaltrainer.

Ich habe meine Website SEO-optimieren lassen (Suchmaschinenoptimierung). Das bedeutet, dass ich ein paar Tools einbauen lassen habe, ein paar Texte ändern musste und einige Eintragungen machen musste, die meine Webseite bei Google deutlich höher ranken ließen. Ich war somit ziemlich schnell auf Platz 1 in meiner Umgebung. Dadurch habe ich im Laufe der Jahre wirklich viele Kunden gekriegt und profitiere bis heute noch davon.

Du kannst natürlich auch Anzeigen bei Google (Add-Words) kaufen, dann kommst du noch höher, aber das habe ich damals nicht gemacht. Da bezahlt man pro Klick, kann anfangs ein gewisses Budget festlegen, und wenn das aufgebraucht ist, kommt deine Anzeige wieder raus.

YouTube:
Die Firma, bei der ich mein Ranking bei Google habe pushen lassen, hat mir gesagt, dass es sinnvoll sei, wenn ich ab und zu Videos von mir bei YouTube hochladen würde, weil sich das positiv auf meine Website auswirken würde. Also fing ich an, jede Woche ein Video über mich hochzuladen. Das war anfangs relativ schwer, denn ich hatte nur mein Handy als Kamera und hatte nicht mal ansatzweise Ahnung, wie man schneidet. Ich habe es mir dann aber selbst beigebracht und es hat funktioniert.

Ich habe meine Website sehr lange nicht mit meinem YouTube-Kanal verlinkt, aber trotzdem haben mich Neukunden auf meine Videos angesprochen und erzählt, wie gut sie diese fanden.

Heutzutage sollte, meiner Meinung nach, so gut wie jede Firma einen YouTube-Kanal haben, denn so stellst du dich breiter auf, kannst sehr viele Menschen erreichen und hast die Möglichkeit, deinen Bekanntheitsgrad wesentlich schneller anzuheben, als wenn du es nicht machst.

Dieser YouTube-Kanal hat mich später auf die Idee gebracht, ein Onlineprogramm zu schreiben und es dann programmieren zu lassen: **www.verlieregewichtgewinneleben.de**

Dieses Programm war einzigartig auf dem deutschen Markt, denn wir haben hier sehr viele Lifecoaching-Inhalte beinhaltet und haben so nicht nur ein Ernährungs- und Sportprogramm erstellt, sondern sehr viel über den Kopf und die Denkweise der Abonnenten bewegt. Der Kanal hat mich letztendlich auf eine neue Geschäftsidee gebracht, obwohl ich damit eigentlich nur meine SEO pushen wollte.

Personaltraining-Börsen:
Es gibt verschiedene Personaltraining-Börsen im Internet, die einen kosten Geld, die anderen kosten kein Geld. Meine Empfehlung: Nimm beides!

Ich bin auch bei einigen gelistet und kriege ab und zu auch wirklich Kunden darüber. Die potenziellen Kunden können dich angucken, deine Website wird hinterlegt, können Erfahrungsberichte über dich einsehen und können sogar deinen Preis anfordern.

Anfangs ist es oft sehr viel Papierkram, sich bei so einer Börse anzumelden und sein Profil zu erstellen, aber es ist die Mühe wert. Ich habe es nicht bereut!

Auto bekleben:
Ich hatte mein Auto auch über mehrere Jahre mit meinem Namen sowie Logo beklebt und bin dadurch auch in meiner Region bekannter geworden. Ich hatte ein weißes Auto mit blauer Beschriftung und blauen Felgen.

Ja, das ist schon ziemlich aufgefallen, das war aber auch das Problem daran. Ich konnte nicht mehr fahren wie ein Irrer, konnte nicht mehr wild hupen, wenn sich mir jemand in den Weg stellte, denn sonst hätte jeder gleich ein schlechtes Bild von mir gehabt.

Ich ziehe als Resümee: Für die ersten Jahre war es gut, aber nach drei Jahren kann man es dann auch wirklich mal abnehmen und ohne Beschriftung von Kunde zu Kunde fahren. In den drei Jahren, in denen mein Auto beklebt war, hatte ich zwei Anfragen, die direkt auf die Beklebung meines Autos zurückzuführen waren, aber nur einer davon hat tatsächlich angefangen, bei mir zu trainieren.

Also nicht wirklich erfolgreich! Wobei ich auch nicht sagen kann, dass ich es bereut habe!

Kooperationspartner:
Kooperationspartner wie Masseure, Ärzte, Orthopädiehäuser, Ernährungsberater, Physiotherapeuten oder andere Berufe aus der Gesundheitsbranche sind gute und wichtige Kontakte.

Ich habe dadurch nicht so viele Kunden wie durch die Netzwerke oder das Internet bekommen, aber wenn dich ein Kunde mal fragt, ob du jemanden kennst, der gute Schuheinlagen macht oder der sich sein Rückenproblem mal genauer angucken kann, ist das auf jeden Fall eine gute Antwort und es wirkt professionell, wenn du schon gleich jemanden benennen kannst und einen guten Kontakt hast.

Wie schon erwähnt, habe ich durch Kooperationspartner nicht so viele Kunden bekommen, aber immer mal wieder einen. Das Gute bei Kooperationspartnern ist, wenn sie dich mal empfehlen und die Kunden sich dann bei dir melden, ist der Abschluss zu einem Training auch meistens schon garantiert.

Empfehlungen:
Direkte Empfehlungen sind die wertvollsten und die günstigsten Möglichkeiten, an Kunden heranzukommen. Das bedeutet nämlich, dass du einen guten Job machst, ein Kunde sehr zufrieden mit deiner Arbeit ist, und du kannst dir selber auf die Schulter klopfen.

So eine Empfehlung ist das Beste, was du bekommen kannst, denn es kostet dich nichts und der Kunde, der an deiner Arbeit interessiert ist, weiß meistens auch schon ganz genau, was die Stunde bei dir kostet. Er weiß also schon, worauf er sich einlässt. Solche Kunden bleiben auch meistens sehr lange und hören nicht nach drei Monaten wieder auf.

Flyer:
Flyer haben bei mir nie wirklich gut funktioniert, es kann aber auch daran liegen, dass ich nie wirklich gute Flyer hatte. Ich glaube aber auch nicht, dass ein potenzieller Personaltraining-Kunde über irgendwelche ausgelegten Flyer ein ernsthaftes Interesse an einem dauerhaften Training entwickeln könnte.

Ich will nicht sagen, dass es nicht funktionieren kann, aber man sollte wirklich gute, hochwertige Flyer erstellen lassen, mit einem hochwertigen Design und Druck. Bitte keine selbst gemachten Flyer, die irgendwo im Internet bestellt werden, denn ein professioneller Auftritt ist wirklich wichtig. Der Kunde muss das Gefühl haben, dass du genau weißt, wovon du sprichst und du zu 100% weißt, was du tust. Wenn du einen hochwertigen Flyer mit einem tollen Design entwickeln lässt, dann suche dir wirklich gute Orte aus, wo du ihn auslegen kannst und lege nicht gleich 50 Stück auf einmal hin, denn das ist nur Verschwendung. So viele Flyer werden in deiner Branche nicht mitgenommen, denn du bedienst nicht den Massenmarkt, wie z.B. ein Mobilfunkbetreiber.

Du kannst einen Flyer mit Sonderangebot bzw. vergünstigter Probestunde anbieten, das würde schon einige Leute anziehen. Du darfst dich dann später aber auf keinen Fall auf diesen Preis dauerhaft festnageln lassen.

Zeitschriften:
Anzeigen in Zeitschriften sind meistens aus dem Fenster geworfenes Geld, denn sie bringen nichts als Kosten und Mühe. Ich hab das auch öfter probiert und dadurch nicht wirklich mehr Kunden gekriegt.

Ich will nicht sagen, dass es überhaupt nicht funktioniert und nicht ab und zu bestimmt auch mal Sinn macht, aber dann musst du dir wirklich gut überlegen, wie viele Leute mit dir trainieren müssen, damit du wirklich Gewinn machst und es sich für dich lohnt. Suche dir dann eine Zeitschrift bzw. ein Magazin heraus, das hochwertig ist und von Menschen gelesen wird, die sich einen Personaltrainer auch leisten können.

Wenn du jedoch an ein sehr großes Magazin rankommst und man dort einen Artikel über dich und deine Arbeit als Personaltrainer schreiben will, solltest du auf jeden Fall ja dazu sagen, denn solche Artikel heben dich auf ein anderes Level und geben dir Prestige. Das wiederum ist in deiner Brache ein wesentlicher Faktor deines Erfolges, aber dazu später mehr.

Diese Artikel in den großen Magazinen bringen meistens auch nicht wirklich Kunden, da sie in ganz Deutschland verkauft werden und Personaltraining hauptsächlich regional Sinn macht. Aber deine Kunden finden das klasse und sind stolz darauf, dass sie mit dir trainieren dürfen. Somit ist das auch eine Sache der Kundenbindung.

Social Media:
Plattformen wie Facebook, Instagram oder Twitter haben mir nicht wirklich weitergeholfen. Ich habe da zwar ein paar Anfragen für Personaltraining bekommen, aber nie einen wirklich interessanten, lukrativen Kunden. Mit lukrativ meine ich einen Kunden, der dauerhaft über einen längeren Zeitraum bei mir gebucht hat.

Ich halte es allerdings trotzdem für wichtig, dass du eine offizielle Seite bei Facebook oder Instagram hast, denn du bekommst eine sehr hohe Reichweite im Internet und kannst immer mal wieder Bilder oder Videos von dir hochladen, was ein gewisses Vertrauen für potenzielle Kunden weckt. So sieht man auch, dass du gebucht bist und das wiederum fördert deine Kompetenz.

Visitenkarten:
Visitenkarten habe ich ganz bewusst als Letztes hier aufgezählt, weil sie super wichtig sind. Natürlich wird dein Erfolg nicht zu 100% von deinen professionellen Visitenkarten abhängen, aber diese Karte ist ein ganz wichtiges Tool deines Marketings.

Die ersten Visitenkarten, die ich hatte, waren ziemlich billig, weder originell noch hochwertig. Ich hab sie mir allerdings auch im Internet zusammengestellt und auf günstigem Papier drucken lassen. Im Laufe der Jahre habe ich mir immer wieder neue Karten erstellen und drucken lassen, um sie immer wieder zu verfeinern und zu optimieren. Aktuell habe ich zwei verschiedene Varianten von Visitenkarten:

Einmal eine normale Version, die nicht so teuer ist, die ich mehr streuen kann und dann eine sehr hochwertige Premium-Visitenkarte. Hier kostet das Stück über drei Euro! Diese Karten sind extrem dick, haben eine Prägung, super angenehmes Papier und hinterlassen einen wirklich guten ersten Eindruck.

Es gab noch niemanden, der diese Karte in die Hand bekommen hat, sie angeguckt hat und einfach so in die Tasche gesteckt hat. Jeder, der diese Visitenkarte anfasst, ist positiv überrascht und beeindruckt. Du bleibst bei den Leuten mit Sicherheit positiv im Gedächtnis und sie werden sich noch an dich erinnern. Genau das ist es, was du willst!

Du musst nicht gleich von Anfang an so hochwertige Exemplare haben, aber früher oder später würde ich es dir empfehlen. Du bietest mit deinem Training ein sehr hochwertiges Produkt an. Dann kannst du nicht mit einer selbstgebastelten Karte durch die Gegend laufen und erwarten, dass man dir 150 Euro die Stunde bezahlt.

Lasse sie bitte möglichst schnell von einem Profi erstellen, denn dann hast du die besten Möglichkeiten, wahrgenommen und gebucht zu werden.

Entscheide gut, wem du die hochwertigen Karten gibst. Gib sie bitte nur jemandem, der diese Karte auch zu schätzen weiß. Menschen, die nicht so viel Geld haben, denken bei einer so teuren Karte möglicherweise: „Kein Wunder, dass die Stunden so teuer sind, wenn er so teure Visitenkarten hat." Denen gibst du die normale Variante, damit kommen sie besser klar und sind nicht gleich eingeschüchtert.

Wenn du jetzt jedoch jemanden hast, der eher aus reichem Hause kommt und auf solche Äußerlichkeiten Wert legt, kannst du davon ausgehen, dass der die hochwertigen Karten sicherlich sehr cool findet und dich somit umso mehr schätzt.

Zusammenfassend kann ich noch sagen, dass es wirklich wichtig ist, dass du absolut jeden Kunden fragst, woher er dich kennt und wie er auf dich gekommen ist. Am besten kannst du das in den Anamnesebogen mit einfügen, dann vergisst du es nicht. Auf diese Weise kannst du dein Marketing auf lange Sicht besser ausrichten. Denn wenn du das weißt, weißt du auch, welche Marketing-Kanäle bei dir und in deiner Umgebung funktionieren und welche nicht. So kannst du entscheiden, wo es Sinn macht, Energie und Geld zu investieren und wo nicht. Es wäre sinnlos, immer wieder Anzeigen in Zeitungen zu schalten, wenn fast alle Kunden über deine Website oder über deinen YouTube-Kanal kommen und sinnvoll wäre es dann natürlich, deine Website und deinen YouTube-Kanal auszubauen.

Verkaufen

KAPITEL 18

Ein ganz wichtiger Faktor ist natürlich, wie man sich verkauft! Ich würde auch sagen, dass es *der* entscheidende Faktor ist, ob du Kunden bekommst oder nicht. Ich bin natürlich kein Verkaufstrainer, aber ich kann dir sagen, wie man so ein Verkaufsgespräch führt.

Wenn der potenzielle Kunde dich kontaktiert hat und du ein Treffen mit ihm vereinbart hast, dann sei professionell gekleidet. Du musst nicht immer Sportklamotten anhaben, aber es wäre gut, wenn du Kleidung mit deinem Logo oder Namen hast, das gibt dem Kunden das Gefühl, dass dieser sich mit jemanden trifft, der in der Branche Fuß gefasst hat und Ahnung vom Geschäft besitzt. Das ist ganz vielen Kunden sehr wichtig.

Pass auf, dass deine Schuhe sauber sind, das ist wirklich wichtig, denn Menschen aus gehobenen Klassen achten sehr auf so was. Wenn du jetzt direkt von einem Kunden kommst, mit dem du joggen warst, und deine Schuhe dadurch nicht mehr sauber sind, entschuldige dich dafür: „Ich komme gerade vom letzten Personaltraining und habe mit einem der Klienten Outdoortraining gemacht."

Das wirft wieder ein besseres Licht auf dich, denn dein potentieller Neukunde sieht, dass du wirklich Kunden hast und dann wohl gut sein musst und Erfahrung hast. Besser wären jedoch saubere Schuhe.

Auch dein Körper ist ausschlaggebend für deinen weiteren Erfolg. Daher musst du immer auf deinen Körper achten! Wenn dein Bauch dicker ist als der deines Kunden, dann läuft irgendetwas schief.

Ich kenne Personaltrainer, die, wenn auch nicht große, aber kleine Bäuche haben, über die sich lustig gemacht wird, was ich auch etwas nachvollziehen kann.

Es heißt zwar immer: „Der Schuster hat die schlechtesten Leisten“, aber das darf nicht für uns gelten! Wir sind Vorbilder, wir leben unseren Job, wir stehen mit ganzer Überzeugung für unsere Leistung und unser Produkt. **Wir sind unser Produkt!!!**

Eine ganz entscheidende Sache, die dich auf lange Sicht zum Erfolg bringen wird, ist also deine Authentizität. Ich behaupte nicht, dass jeder Trainer ein Sixpack braucht, die dicksten Arme oder den knackigsten Po, aber du solltest immer gut in Form sein, denn sonst wirkst du unter Umständen unglaubwürdig. Wenn du aber vielleicht sogar das verkörperst, was dein Kunde erreichen möchte, dann wird er dich als optimalen Trainer sehen!

Ein weiterer wichtiger Punkt im Verkaufsgespräch ist, dass du nach den Zielen deines Interessenten fragst, was er gerne erreichen möchte und worauf er Lust hat, wobei er am meisten Unterstützung braucht und was er von dir erwartet. Lass ihn möglichst genau beschreiben, was er von dir möchte und warum er dich kontaktiert hat. Lass ihn möglichst viel erzählen, es wird ihm gefallen, wenn du ihm aufmerksam zuhörst und wirkliches Interesse an ihm und seinem „Problem“ oder „Bedürfnis" zeigst. Je mehr er erzählt, umso mehr Informationen bekommst du von ihm und umso mehr Argumente hast du auch dafür, dass er wirklich mit dir trainieren sollte.

Wir Menschen funktionieren durch und mit Gefühlen. Lass ihn erzählen, was er gerade fühlt, wie er sich fühlt und was er nicht mehr fühlen will. Und dann erzähl du ihm, was er wieder fühlen könnte, was wieder in seinem Leben passieren würde, wenn er mit dir trainiert, mit dir Sport macht und mit dir sein Leben verändert.

Du bist der Schlüssel zu seinem neuen, guten und glücklichen Leben. Du bist die Lösung seiner Probleme und kannst mit ihm das langersehnte Ziel erreichen. Übertreibe aber nicht in so einem Verkaufsgespräch/Beratungsgespräch, sonst machst du dich unglaubwürdig.

Im Laufe der Zeit wirst du ein ganz gutes Gespür dafür kriegen, was du deinem Neukunden sagen musst.

Du solltest nicht jeden Kunden annehmen

Nimm nicht jeden Kunden an. Wenn du schon im Gespräch merkst, dass dein Kunde überhaupt keinen Bock auf die Umsetzung deiner Empfehlungen hat, dann solltest du dir sehr gut überlegen, ob sich das Ganze auf Dauer auch lohnt. Denn ein Trainee, der nicht wirklich seine Ziele erreichen möchte, kann auf lange Sicht für uns Trainer sehr frustrierend und anstrengend sein.

Viele Menschen buchen sich einen Personaltrainer und wollen die Verantwortung dann tatsächlich an den Trainer abgeben. Da musst du wirklich aufpassen, denn wenn der Kunde nicht abnimmt oder ein anderes Ziel nicht erreicht, ist immer gleich der Trainer schuld!

„Dann muss das Training ja schlecht sein, dann kann der Trainer ja nichts taugen!"

Es klingt jetzt vielleicht komisch, aber es gibt wirklich viele Kunden, die es so machen. Sie wollen sich komplett in dein Training fallen lassen. Er bezahlt und du machst! Das geht aber nicht, denn die Verantwortung für sich hat dein Kunde immer noch selber! Erfolge könnt ihr nur gemeinsam erzielen. Da musst du wirklich aufpassen, dass dein Klient Verantwortung für sich übernimmt. Ansonsten solltest du dir überlegen, ob eine Zusammenarbeit Sinn macht.

Bis zu einem gewissen Grad muss dein Kunde sich natürlich schon fallen lassen können. Er soll dir natürlich vertrauen. Das kann er, wenn du weißt, was du tust, und wenn du das eben auch bereits im Verkaufsgespräch rüberbringst. Dass du mit ihm den richtigen Sport machst und einen super Ernährungsplan aufstellst, ist dabei natürlich deine Aufgabe und nicht seine. Da hast du die volle Verantwortung. Aber der Kunde muss es eben umsetzen. Achte darauf, dass er dir nicht die Verantwortung seines Handelns und das Erreichen seiner Ziele übergibt!

Wenn du wirklich ein erfolgreicher Personaltrainer sein willst, musst du immer wieder nach Lösungen suchen und immer wieder überlegen, wie kriege ich den Kunden dazu, das zu tun, was ich möchte, damit er seine Ziele erreicht, seine Übungen auch alleine macht und sich zu 100% richtig ernährt.

Und da ist wichtig, dass du schon im ersten Gespräch sagst: „Wenn wir das Training zusammen starten, dann werden wir dein Ziel erreichen, wir versuchen das nicht, wir machen das!"

„Demjenigen, dem du die Schuld gibst, gibst du auch die Macht!

—

BODO SCHÄFER
GESETZE DER GEWINNER, 12. AUFLAGE 2015

Es ist ein ganz entscheidender Faktor, ob dein Kunde sein Ziel erreichen wird oder nicht. Denn er weiß in diesem Moment, dass, wenn er sich auf das Training mit dir einlässt, er sein Ziel erreichen wird. Genau das sollte es sein, was dein Kunde von dir hören möchte. Und genau solche Kunden wollen wir betreuen.

Natürlich kann es sein, dass dein potenzieller Neukunde dich auch gerade deshalb nicht bucht, weil du in diesem Moment auch einen gewissen Druck auf ihn ausübst.

Aber denke daran: Kunden, die ihre Ziele nicht erreichen, werden dir keine Empfehlungen bringen, eben weil sie ihr Ziel nicht erreichen. Dies kann außerdem deinen Ruf schädigen. Denn wenn man zum Beispiel über dich redet und ein Interessierter fragt deinen Kunden oder ehemaligen Kunden, ob es funktioniert hat, wird ein Nein natürlich kein gutes Licht auf dich werfen, und du bist automatisch ein schlechter Trainer. Und niemand will einen schlechten Trainer buchen!

Bedenken solltest du deshalb auch: *Je schneller mein Kunde sein Ziel erreicht, umso schneller bin ich ihn wieder los.*

Natürlich willst du nicht, dass dein Kunde nach drei Monaten wieder aufhört, mit dir zu trainieren, aber das wird er zu 99% auch nicht. Denn wenn er sein Ziel mit dir erreicht hat, hast du ihm zu einem neuen Leben geführt und damit hast du bei ihm einen Stein im Brett. Du hast ihn zu etwas geführt, das er alleine nicht erreicht hat oder hätte. Dein Kunde wird mit dir weitertrainieren wollen, weil er genau weiß, dass du ihm guttust und dass du jeden Euro, den er an dich zahlt, wert bist! Er wird mit dir neue Ziele entwickeln und erreichen.

Sage deinem Kunden, dass er auch ohne dich Sport machen soll und ermutige ihn dazu, auch mal neue Sportarten auszuprobieren. Lobe ihn, wenn er auch mal wirklich ohne dich Sport gemacht hat.

Natürlich könnte man sich jetzt die Frage stellen: „Warum soll ich fördern, dass mein Kunde ohne mich Sport macht? Er soll doch bei mir buchen!"

Ja, das ist richtig, er soll dich buchen und mit dir Sport machen, aber wenn du ihn förderst, sieht er, dass du nicht nur hinter seinem Geld her bist, sondern auch wirklich an seiner Gesundheit interessiert bist und an seine Ziele glaubst.

Das ist ein weiterer Grund, warum er dich immer und immer wieder buchen wird.

Man kennt ja den Satz: Was man nicht kriegen kann, will man erst recht haben! Und ich musste feststellen, dass es wirklich so ist. Als ich meinen Status „ausgebucht" erreicht hatte und meine Kunden das mitbekamen, war plötzlich eine ganz andere Situation in meinem beruflichen Umfeld geschaffen.

Von dem Zeitpunkt an, ab dem meine Kunden wussten, dass, wenn sie aufhören würden bei mir zu trainieren, ihr Termin wahrscheinlich gleich neu vergeben worden wäre und sie eventuell keinen neuen Termin bei mir bekommen hätten, hatte das einen Effekt, den ich mir anfangs nicht hätte vorstellen können.

Es hört seitdem so gut wie kein Kunde mehr so einfach auf, bei mir zu trainieren! Ich hatte vorher schon eine sehr niedrige Abgänger-Rate, aber ab dem Moment, in dem alle wussten, „Jari Fastner ist ausgebucht und ich kann froh sein, einen Termin bei ihm zu haben", hatte ich noch weniger Abgänger. Ich habe in manchen Jahren teilweise nur einen oder zwei Neukunden selber übernommen, weil einfach keiner mehr aufgehört hat, bei mir zu trainieren.

Was ich dir an dieser Stelle sagen möchte, ist, dass auch wenn du noch nicht ausgebucht bist, du dich selbst und deine Zeit rarmachen solltest. Je weniger du verfügbar bist, umso mehr wollen dich deine Kunden haben!

Wie gesagt, ich hätte nicht gedacht, dass dieser Effekt so stark ist. Also sage nicht jede gewünschte Trainingsstunde zu, sondern gebe deine Termine am besten deinem Trainee vor.

500
500 EURO

Sei der Teuerste oder der Günstigste: Preis ermitteln

KAPITEL 19

Ich komme aus einer Vorstadt von Hamburg. Hier sind die Personaltrainer nicht ganz so dicht besiedelt, es gibt aber trotzdem ungefähr 20 andere Personaltrainer im Umkreis von 20 Kilometern. Die Preise der anderen Trainer kannte ich ungefähr. Ich merkte im Verlauf daher ziemlich schnell, dass ich zwar der teuerste Personaltrainer war, jedoch auch der mit den meisten Kunden und den meisten Angestellten.

Eigentlich komisch und unlogisch, dachte ich mir. Aber woran lag das? Daran, dass ich mich dauerhaft weitergebildet hatte, die neuesten wissenschaftlichen Erkenntnisse hatte, das abwechslungsreichste Training von allen machte? **NEIN!!!**

Es gibt zwei Strategien, um den Preis auszuwählen. Entweder bist du der Günstigste von allen oder du bist der Teuerste von allen, alles zwischen diesen beiden Gruppen hat langfristig keinen Erfolg.

Anfangs war ich der Günstigste, habe meine Stunden für 57 Euro + MwSt. verkauft, was auch super funktioniert hat. Im Laufe der Zeit habe ich meinen Preis von Kunde zu Kunde immer Stück für Stück erhöht und bin dann irgendwann bei 120 Euro die Stunde gelandet.

Die Stunden meiner Mitarbeiter hatte ich für 79– 85 Euro pro Stunde angeboten und verkauft.

Ich konnte somit beide Strategien fahren: Meine Mitarbeiter bedienten die untere Preisspanne mit 79–85 Euro inkl. MwSt. im Personaltraining, und ich bediente die obere Preisspanne mit 120–150 Euro inkl. MwSt. die Stunde. Und das war ein großer Teil meines Erfolges, denn ich konnte alle bedienen.

Ich empfehle dir, setze den Preis am Anfang nicht zu niedrig an, auch wenn es verlockend ist, denn anfangs hat man einfach kein Geld, braucht Kunden und muss versuchen, über die Runden zu kommen.

Aber du wirst es im Nachhinein bereuen, denn die Kunden werden dich auf ihren Preis festnageln und sich weigern, mehr zu zahlen. Aber stell dir vor, du veränderst dich, du baust dir z.B. ein Studio auf und hast dadurch ganz andere Kosten. Auch der Kunde hat dadurch viel bessere Möglichkeiten. Er kann dann z.B. duschen und hätte mehr Trainingsequipment.

Oder du schaffst dir ein EMS-Gerät an und hast dadurch nochmal weitere Kosten. Und trotzdem zahlt der Kunde nur den Low-Budgetpreis?! Das kann nicht sein, denn du musst wirtschaftlich denken!

Auch wenn du nicht vorhast, irgendwann ein Studio aufzubauen, mache den Preis bloß nicht zu günstig, denn unter 80 Euro kannst du als hauptberuflicher Personaltrainer nicht wirklich leben.

Im Laufe der Monate und Jahre habe ich dann bei Neukunden die Preise immer Stück für Stück erhöht und somit meinen Durchschnittspreis gesteigert.

Das Problem war, dass ich neue Kunden trainieren hätte können, die mehr Geld gezahlt hätten als meine bereits bestehenden Kunden. Ich hatte aber keine Möglichkeit, diese Trainings anzunehmen, weil einfach keine freie Stunde mehr zur Verfügung stand. Ich war restlos ausgebucht!

Es ist relativ schwer, einem Kunden, der schon lange mit dir trainiert, zu sagen, dass es jetzt teurer wird, dass er jetzt die gleiche Leistung für mehr Geld bekommen wird. Deshalb habe ich meine Preise anfangs auch nur bei den Neukunden angehoben und nicht bei den Bestandskunden. Somit habe ich mich finanziell damals nicht so schnell weiterentwickelt, wie ich eigentlich hätte können.

Irgendwann habe ich das dann auch bei langjährigen Kunden gemacht, die sich darüber natürlich auch sehr aufgeregt haben. Dies hielt allerdings meist nicht lange an und sie haben sich relativ schnell wieder beruhigt.

Es ist übrigens nicht ein Kunde abgesprungen, bei dem ich den Preis erhöht habe. Sie sind alle geblieben. Das war wiederum für mich auch einfach wieder ein tolles Gefühl, da es mir gezeigt hat, dass ich einen wirklich tollen Job machte.

Kunden, von denen ich wusste, dass ich den Preis nicht erhöhen konnte, weil das einfach keine Superreichen oder Großverdiener waren, hab ich an meine Mitarbeiter abgegeben und sie von ihnen trainieren lassen.

Ich musste ja schließlich alles aus meinen Stunden und meiner Zeit herausholen, denn das wichtigste Gut, das wir haben, ist Zeit! Denn Zeit können wir nie wieder zurückbekommen, Zeit vergeht und das war es dann mit ihr.

Geld wiederum kann man wieder bekommen, kann man wieder verdienen und ist nichts, was für immer weg ist, wenn man es ausgegeben hat. Nutze deine Zeit optimal, nutze deine Ressourcen so, dass du die Dinge, die du haben und erreichen möchtest, möglichst schnell erhältst. Achte auf dein Geld, achte auf deine Zeit, setze alles möglichst sinnvoll und mit Köpfchen ein und du wirst bekommen, was du dir erträumt hast. Ich bin mir sicher!

FAHRTWEG ALS TEIL DER PREISERMITTLUNG:

Wenn du kein Studio haben solltest, sondern zu deinen Kunden fährst und nicht jeder Kunde gleich weit weg von dir und deinem Büro ist, stellt sich natürlich die Frage: Wie berechne ich meinen Fahrtweg? Soll ich überhaupt meine Anfahrtskosten in Rechnung stellen?

Hier kannst du zum Beispiel ab einer Entfernung von 10 Kilometern 30 Cent pro Kilometer berechnen, was ich selber allerdings nie gemacht habe. Ich habe das nie mit Kilometern berechnet, ich habe das immer nur pauschal gemacht. Immer wenn ich mich mit einem Kunden getroffen habe, habe ich mich nach Möglichkeit bei ihm zu Hause oder am potenziellen Trainingsort getroffen, um auch gleich ein Gefühl für die Dauer der Fahrt zu bekommen. Dann habe ich einen pauschalen Preis gemacht, was auch meistens gut ankam.

Denn wenn du jetzt die Kilometer berechnest und dann deinem Kunden aufzählen sollst, wie der Stundensatz zusammenkommt, will er plötzlich woanders trainieren, fragt, ob er noch jemanden mit dazu in die Stunden nehmen könnte und, und, und.

Das macht die ganze Sache nur schwieriger und anstrengender.

Bezahlmodelle

KAPITEL 20

Jetzt kommt natürlich auch die Frage auf, welche Modelle der Bezahlung es gibt und welches das beste ist? Ich erzähle dir meine Erfahrungen, wie ich es gemacht habe, was funktioniert hat und was einfach nicht funktioniert hat.

10er-Karten:
Bei einer 10er-Karte kauft der Kunde gleich zehn Stunden auf einmal.

Wenn der Interessent anfängt zu handeln, kannst du ihm vorschlagen, dass du beim Kauf einer 10er-Karte den Eingangscheck/Anamnese for free anbietest. So musst du nicht eine komplette Stunde extra geben, sondern nur die Anamnese, und wenn du diese beherrschst, geht das relativ schnell.

20er-Karte:
Bei einer 20er-Karte kauft der Kunde gleich 20 Stunden auf einmal.

Wenn der Klient hier handeln will, gebe ich eine Stunde on top drauf, plus die Anamnese, die dann auch for free ist.

Aus Erfahrung buchen die meisten Leute aber die 10er-Karte, denn sie wollen sich zuerst von deiner Leistung überzeugen und buchen dann bei Bedarf später die 20er-Karte extra.

Monatliche Abrechnung:
Hier zahlt der Kunde am Ende des Monats seine absolvierten Stunden.

Das habe ich auch ab und zu bei Kunden gemacht, bei denen ich mir relativ sicher war, dass sie lange und regelmäßig mit mir trainieren werden und auch zahlungskräftig sind.

Hier gibt es dann natürlich keine Extrastunden oder Anamnesen for free.

Flatrate:
Bei einer Flatrate machst du einen monatlichen Betrag mit deinem Kunden aus, legst die Anzahl der Trainingseinheiten fest und er richtet dann einen Dauerauftrag für dein Konto ein.

Dieses Bezahlmodell hab ich in den ersten Jahren sehr viel benutzt, es aber später dann doch ziemlich bereut. Denn da es Flatrates waren, habe ich die Stunden wirklich sehr günstig verkauft. Viel zu günstig aus heutiger Sicht!

Am besten hat bei mir eine Mischung aus verschiedenen Bezahlmodellen funktioniert. Der Vorteil bei einer Mischung aus 10er-Karten, 20er-Karten und monatlichen Abrechnungen ist, dass du dich quasi darauf verlassen kannst, dass du monatlich Geld auf dein Konto bekommst, was du, wenn du nur 10er- und 20er-Karten verkaufst, unter Umständen nicht hast, denn diese halten gerne mal 2–4 Monate, bis sie aufgebraucht sind. Ich finde diese Mischung sehr gut und es hat für mich bisher super funktioniert.

Fazit:
Ich würde dir empfehlen, eine gewisse Mischung aus verschiedenen Bezahlmodellen zu entwickeln. Natürlich musst du dir dann merken, wer welches Modell hat, aber da wir im Personaltraining nicht super viele Kunde parallel betreuen und wir zu fast jedem eine emotionale Bindung haben, ist es relativ leicht, im Kopf zu speichern, wer welches Modell bedient.

Probetraining

KAPITEL 21

Wie macht man das mit dem Probetraining? Gibt man überhaupt Probetrainings unbezahlt?

Anfangs habe ich immer kostenlose Probetrainings gegeben und ich muss sagen, dass ich so gut wie nie ein Nein nach einem Probetraining kassieren musste. Ich empfehle dir auch, ein kostenloses Training anzubieten, denn dein Kunde weiß noch gar nicht, wer du bist, was du machst und wie ihr zusammen im Training harmonieren werdet.

Es kann sein, dass dein zukünftiger Klient vorhat, die nächsten Jahre mit dir zu trainieren und grundsätzlich dazu bereit ist, eine Menge Geld bei dir zu lassen. Dann wäre es ja absolut schade, wenn es wegen eines nicht gegebenen Probetrainings nicht zu einem Abschluss kommen würde.

Wenn du von dir überzeugt bist und wirklich ein gutes Training mit deinen Kunden machst, wird ihn wahrscheinlich nichts davon abhalten, ein weiteres Training bei dir zu buchen und dauerhaft Geld an dich zu zahlen.

Ich wurde noch nie ausgenutzt, so dass jemand ein Probetraining gebucht hat mit dem Hintergedanken, dass er sowieso nicht mit mir trainieren wird, sondern einfach mal ein kostenloses Personaltraining haben wollte.

Ich fasse zusammen: Biete kostenlose Trainings an, um die erste Hemmschwelle deines potenziellen Kunden zu senken. Mache ein hervorragendes Personaltraining mit ihm und er wird zu einer sehr hohen Wahrscheinlichkeit bei dir bleiben.

Was ist in einer Woche möglich?

KAPITEL 22

Ich habe schon Aussagen von Personaltrainern gehört wie: „Ich mache acht Personaltrainings am Tag!"

Wenn das jemand zu dir sagt, dann kannst du mit einem müden Lächeln abwinken und dir einen anderen Gesprächspartner suchen, denn das ist auf Dauer leider nicht möglich! Jedenfalls nicht, wenn man zu seinen Kunden hinfährt und richtig professionelle, gute Stunden gibt.

Denn wenn du es richtig machst, dann kannst du auf Dauer nicht mehr als 20 Stunden in der Woche geben, ausgehend von einer 5-Tage-Woche. Ich muss sagen, dass ich zu meinen Höchstzeiten, als ich noch keine Mitarbeiter hatte, 25–30 Personaltrainings in einer 6-Tage-Woche gegeben habe. Das geht mal für eine Zeit lang gut, aber auf Dauer hält das dein Körper nicht durch. Denn du musst dich in deinen Stunden sehr auf deinen Kunden konzentrieren, musst dich vorbereiten und musst evtl. sogar noch körperlich dabei aktiv sein. Du brauchst als Personaltrainer eine gewisse Grundspannung in deinen Einheiten, eine gerade Haltung und eine kräftige Stimme.

Das sind alles Dinge, die anstrengend sind, anstrengender als man es sich im ersten Moment vorstellt.

Wenn du ein eigenes Personaltraining-Studio hast und somit keinen Fahrtweg, dann kannst du evtl. noch ein paar mehr Stunden in deine Woche packen.

Oder wenn du Einheiten von 20, 30 oder 45 Minuten machst, kannst du auch mehr als 20 Stunden machen, aber nicht deutlich mehr, denn sonst gehst du einfach daran kaputt.

Dein Körper wird auf lange Sicht nicht mit der Regeneration hinterher kommen und dadurch wird die Qualität deiner Stunden leiden und somit dein Produkt. Was wiederum dazu führen kann, dass deine Kunden dich früher oder später verlassen werden, weil deine Leistung sich einfach verschlechtert hat.

Du kannst auch nicht als Gesundheitstrainer durch die Welt laufen und aussehen wie eine Leiche, das passt nicht zusammen, das ist nicht authentisch.

Als Beispiel, was ich damals falsch gemacht habe, erzähle ich dir Folgendes: Ich habe am Anfang meiner Karriere Kunden trainiert, die um 06:00 Uhr morgens trainieren wollten. Das Problem beim Job als Personaltrainer ist, dass unsere Kunden meistens vor oder nach der Arbeit trainieren wollen. Also entweder sehr früh oder sehr spät.

Wenn ich jetzt am Abend erst um 22 Uhr zu Hause bin und dann wieder am nächsten Morgen um 05:00 Uhr aufstehen muss, ist das schon ziemlich hart und auf Dauer auch nicht vertretbar. Ich habe eben gesagt, dass du nicht als Gesundheitstrainer durch die Gegend laufen und wie ein Wrack aussehen kannst. Aber genau das tat ich anfangs.

Als ich dann meinen Kunden gesagt habe, dass ich sie nicht mehr so früh trainieren kann, wollten sie es natürlich trotzdem weiter so haben und sagten zu mir, ich solle mich nicht so anstellen und keine „Muschi" sein. Ich habe dann natürlich trotzdem das Training auf eine spätere Uhrzeit verschoben, Kunden habe ich dadurch nicht verloren.

Mache du diesen Fehler bitte nicht, denn du kannst jetzt aus meinen Verfehlungen lernen und es dir viel leichter machen als ich!

Wenn du also im Voraus solche Fakten klarstellst und du deinem Kunden sagst, dass du nicht vor 08:00 Uhr trainieren kannst, wird der Kunde schon einen Weg finden, einen anderen Termin für das Training zu organisieren.

Am besten ist es, wenn du deinem Klienten einen oder zwei Termine vorgibst, die gut in deinen Tagesablauf passen, ansonsten kann es sein, dass du morgens einen Termin hast, mittags einen und dann am Abend wieder einen. Das wäre für dein Privatleben ziemlich schlecht und auf Dauer sehr unbefriedigend. Auch wenn du wahrscheinlich an einem anderen Termin Zeit hättest, gib dem Kunden nur zwei Alternativen, ansonsten wird er dir eventuell auf der Nase herumtanzen.

Früher habe ich leider den Fehler gemacht, meine Kunden immer zu fragen, wann es ihnen am besten passt. Als Ergebnis habe ich einen für mich völlig ungünstigen Termin bekommen, was mir überhaupt nicht gepasst hat. Ich hatte den Glaubenssatz, dass der Kunde immer bestimmen muss und sagt, wo es lang geht. Das hat mir mein Leben oft schwerer gemacht, als es hätte sein müssen.

Also vergiss nicht, wenn du dich immer nur nach ihren Wünschen richtest und nicht auf dich achtest, dann machst du dich auf Dauer kaputt.

Der wichtigste Mensch in deinem Leben bist du selbst!

Das hat nichts mit Egoismus zu tun und auch nichts mit Ellenbogen ausfahren, sondern einfach mit Selbstachtung. Dass du dich an die erste Stelle stellst, hat nur was damit zu tun, dass du dir selbst den Respekt erweist, den du verdient hast, und auf deine Arbeitsgewohnheiten, deine Gesundheit und deine Terminwahl achtest. Das bedeutet nicht, dass dir alle anderen Menschen egal sein dürfen und nach dir die Sintflut kommt, sondern dass wir Menschen einfach viel zu oft ja zu Dingen sagen, die wir eigentlich gar nicht machen wollen!

Das ist ein wirklich ganz wichtiger Prozess auf dem Weg zu deinem Erfolg, dass du dir selber treu bleibst und dich nicht für andere aufgibst. Vor allem nicht für deinen Kunden!!! Sage auch mal nein, und lass dich nicht von anderen Menschen herumkommandieren, denn das wird dich auf lange Sicht nicht zum Erfolg bringen.

Fazit:

Du kannst nicht unendlich viele Stunden geben, denn sonst machst du dich kaputt, siehst irgendwann aus wie ein Wrack und kannst deine Kunden nicht mehr optimal betreuen. Wenn du deine Kunden nicht mehr richtig gut trainieren kannst, hören sie früher oder später bei dir auf, und du hast gar keine Kunden mehr!!!

Achte auf dich und deinen Körper, gib nicht jedem Klienten sofort den für ihn passenden Termin und achte auf deine eigene Fitness!

Effektives Arbeiten

KAPITEL 23

Früher habe ich mir immer „To-Do-Listen“ gemacht und dachte, dass ich super effektiv arbeite, dass ich weit vorne im Vergleich zu anderen Unternehmern bin und meine Zeit super nutze. Heute weiß ich, dass ich noch lange nicht so optimal gearbeitet habe, wie ich gekonnt hätte, denn ich habe mir zu grobe Pläne für den Tag gemacht. Ich habe nicht alles so genau geplant, wie ich es hätte machen können, und vor allem habe ich es am selben Tag geplant.

Pass auf: Wenn du deine Zeit, die du hier auf Erden hast, wirklich nutzen möchtest und wirklich was erreichen willst, musst du sie gut einteilen und das funktioniert so:

Plane deinen Arbeitstag einen Tag vorher, plane am Abend schon den nächsten Tag, was du genau machen willst, plane wirklich alles, wann du anfängst zu arbeiten, was du wann genau machst, räume dir Zeiten ein, in denen du deine Überweisungen machst, in denen du deine Kunden anrufst und in denen du deine Pausen machst. Plane auch ganz bewusst Zeiten ein, in denen du nichts machst, in denen du entspannst oder andere Dinge außerhalb deines Jobs machst. So bist du viel, viel effektiver, als wenn du den ganzen Tag nur grob in To-Do-Listen einfügst.

Ich rate dir, mache aus deinem Tag halbstündliche Einheiten und plane in 30-Minutenabschnitten. Glaub mir, das ist so viel besser und effektiver als andere Methoden. Lege deine Büroangelegenheiten um deine Personaltrainings herum und nutze deine Zeit perfekt.

Denn Zeit ist das Einzige, was du nie wieder bekommen kannst. Geld kannst du wieder verdienen, aber wenn die Zeit weg ist, ist sie weg und nicht mehr einholbar.

Du wirst nicht mehr so viel Zeit für nebensächliche Dinge wie die Nutzung deines privaten Facebook-Accounts oder andere Sachen verschwenden. Du wirst merken, dass du auch viel entspannter bist, nicht mehr so gestresst den Dingen hinterherläufst und am Abend mit einem viel besseren Gefühl den Tag abschließt.

Diese Tagesplanung macht dich effektiver und stressfreier, macht dein Leben leichter und bringt dich schneller an deine Ziele.

Ein weiterer Tipp, den ich dir geben kann, ist, dass du am Anfang deines Tages immer zuerst die proaktiven Sachen machst. Dinge, die dich weiterbringen, neue Projekte entwickeln, wie zum Beispiel ein Boot Camp aufbauen, ein Onlineprogramm entwickeln oder deine Firmenfitness aufbauen.

Die ersten Stunden am Tag sind die Stunden, in denen du am produktivsten arbeiten kannst. Checke in dieser Zeit keine E-Mails, schreibe höchstens welche, mit denen du Dinge anstößt und nach vorne treibst. Nimm dir wirklich eine extra Zeit in deiner Tagesplanung für das Checken deiner Emails und mache das auch wirklich nur in dieser Zeit. Liege nicht morgens im Bett und checke dein Smartphone nach neusten Mails. Nimm dir bitte die dafür vorgesehenen Zeiten und du wirst sehen, dein Leben wird deutlich stressfreier und entspannter sein.

Fazit:
Plane deine Tage in 30-Minutenabschnitten, plane deinen Arbeitstag am Vorabend, was genau du wann am Folgetag machen wirst. Nimm dir ganz bewusst Zeiten, in denen du proaktiv dein Geschäft nach vorne bringst und neue Projekte entwickelst.

Erfolg ist eine Sache der Vorbereitung!

Trainingsgeräte

KAPITEL 24

Eine wirklich sehr coole Sache im Personaltraining ist, dass wir wirklich sehr wenig Geld ausgeben müssen, um überhaupt anfangen zu können, unser Business zu starten. Wenn ich es auf das wirklich Wesentliche herunterbreche, dann brauchst du eine Sporttasche, ein paar Handtücher, eine Matte und ein Theraband mit zwei Griffen, um sofort loslegen zu können. Außerhalb einer Stadt wäre ein Auto auch noch gut, aber in der Stadt kommt man auch mit öffentlichen Verkehrsmitteln überall hin.

Ich will dir jetzt nicht alle Trainingsgeräte aufzählen, die man im Personaltraining einsetzen könnte, aber ich will dir eine Auswahl der gängigsten und relevantesten Geräte zeigen.

Die Matte:
Ohne die Matte geht meiner Meinung nach gar nichts. Das ist das wichtigste Trainingsgerät, um überhaupt als Personaltrainer beginnen zu können.

Kauf dir bitte eine Matte, die nicht zu dünn ist, die mindestens einen Zentimeter dick ist und auch mindestens 90 Zentimeter breit ist. Ansonsten kannst du nicht optimal arbeiten. Denn wenn z.B. du als Trainer deine Knie nicht auch mal mit auf die Matte stützen kannst, weil einfach kein Platz ist, ist das auf Dauer unangenehm und für deine Knie natürlich auch nicht gut.

Das Interessante bei der Matte ist, dass fast jeder Haushalt eine davon irgendwo liegen hat, sie ist jedoch meist nicht in Benutzung. Ich bringe nur noch zu 30% meiner Kunden meine eigene Matte mit, denn die anderen haben alle ihre eigene zu Hause liegen.

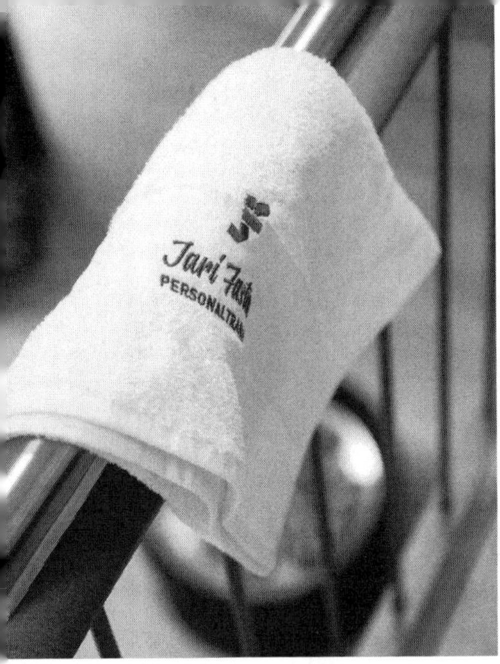

Das Handtuch:
Das Handtuch ist wohl die günstigste Variante eines Trainingsgerätes, denn in jedem Haushalt sind welche vorhanden. Ich benutze so gut wie in jedem Personaltraining mindestens bei einer Übung das Handtuch.

Das eine Ende bekommt mein Klient in die Hand und das andere Ende nehme natürlich ich und benutze es als Gegengewicht für den Kunden. Der Vorteil dabei ist, dass ich ganz genau spüren kann, wie stark mein Kunde ist, wie sehr er sich anstrengt und ob er sich überhaupt anstrengt.

Jetzt denken natürlich die Mädels gleich wieder: „Und was ist, wenn mein Klient ein 150-Kilo-Bär ist?“ Dann kriegt man es in den meisten Fällen auch noch als kleine 50-Kilo-Trainerin hin, denn du musst ja nicht mit den gleichen Muskeln ziehen wie dein Gegenüber. Du kannst dich mit deinem Körpergewicht in das Handtuch legen und hast somit einen viel leichteren Kraftaufwand als dein Kunde. Oder du kannst den Hebel für das Gewicht verlängern, was es ihm deutlich schwerer macht.

Schön und professionell wäre es natürlich, wenn du auf die Handtücher deinen Namen oder dein Logo sticken lässt.

Theraband:
Das Theraband/Gymnastikband habe ich jedes Mal dabei, es kommt nie aus meiner Trainingstasche heraus (außer natürlich im Training), denn hiermit kannst du fast jeden Muskel im Körper trainieren.

Du musst etwas bei der Stärke aufpassen, denn die Männer zerreißen die Bänder gerne mal, wenn der Hebel zu kurz ist und sie somit ziemlich hart am Band ziehen können.

Ich mache Übungen mit dem Gummiband meistens nur mit langem Hebel oder mit Frauen, die noch nicht so stark sind und das Band nicht in Fetzen reißen können.

Bitte besorge dir Griffe für das Gummi, denn das ist deutlich angenehmer für den Kunden und die Stellung der Hände (Innenrotation/Außenrotation) ist viel besser zu erklären und auch durchzuführen mit Griffen.

Schlingtrainer:
Ich empfehle dir auch, einen Schlingtrainer zu organisieren, denn die sind super leicht mitzunehmen, haben sehr wenig Gewicht und du kannst auch fast jeden Muskel im Körper trainieren.

Die Marke ist im Großen und Ganzen nicht so wichtig, wobei es natürlich schon schön wäre, wenn du ein Markengerät hast, da die Qualität dabei auch besser ist.

Ich habe festgestellt, dass die Schlinge nichts für Anfänger ist, denn die kriegen das Stabilisieren noch nicht so gut hin und haben daher meist eine relativ schlechte Ausführung der Übung.

Das größte Problem beim Trainieren mit dem Schlingtrainer ist, dass du eine Befestigung an der Decke brauchst. Ein Haken, Balken oder Treppengeländer wäre gut, ist aber natürlich nicht bei jedem Kunden vorhanden. Natürlich kann man das Ganze auch an einer Tür festmachen, wenn die Tür zu ist, aber dann hast du immer das Problem, dass du nicht direkt unter der Verankerung der Schlinge trainieren kannst, sondern immer ein bisschen versetzt arbeiten musst.

Für etwas Fortgeschrittene mit genügend Fähigkeit zu stabilisieren, ist die Schlinge ein sehr tolles Trainingsgerät, denn hier arbeitet man mit dem eigenen Körpergewicht an einem sehr instabilen Element.

Gewichtsweste:
Die Gewichtsweste hat eine ganz besondere Funktion bei mir im Training, denn ich benutze sie nie in einem klassischen Personaltraining. Ich benutze sie nur bei Kunden, die abnehmen wollen und es dann tatsächlich auch getan haben, um das alte Ausgangsgewicht wieder zu realisieren.

Ich nenne das Ganze auch immer „Realisierung". Wenn ein Kunde jetzt zum Beispiel 10 Kilo abgenommen hat, dann lade ich die Weste mit 10 Kilo voll und laufe mit meinem Klienten die allererste Runde, die ich in der ersten Trainingseinheit mit ihm gelaufen bin. Meistens war das zu Beginn noch Walken. Mit der Weste jogge ich dann aber allerdings immer mit dem Kunden. Nach der ersten kleinen Runde, legt der Klient die Weste wieder ab und wir laufen das Ganze nochmal.

Du kannst dir nicht vorstellen, was in solchen Momenten abgeht, wenn die Weste runter ist und der Klient richtig fühlt, was er in den letzten Wochen und Monaten überhaupt erreicht hat! Was er sich für

eine Last vom Körper genommen hat und vor allem sieht er, was du ihm Gutes getan hast!!!

Das ist immer einer der schönsten Momente als Personaltrainer! Die Kunden fühlen wirklich, wie schlecht es ohne dein Training war und wie gut es jetzt mit deinem Training ist.

Wenn du das auch vorhast, was ich dir wirklich ans Herz legen möchte, dann kaufe dir eine Weste, bei der du relativ leicht die Gewichte rausnehmen und wieder reinstecken kannst. Meine Weste ist immer in Kiloabschnitten und geht bis 30 Kilo.

Medizinball:
Medizinbälle haben auch ihren ganz besonderen Reiz. Denn du kannst sowohl Gewichtsübungen machen, als auch sehr gute Koordinationsübungen einbauen und den Ball als wackelige Unterlage nutzen.

Das Ungünstige daran, wenn du in einer Wohnung mit deinem Kunden trainierst, ist, dass du den Ball nicht mit voller Wucht auf den Boden werfen lassen kannst. Denn das macht den Boden kaputt und gibt Flecken. Außerdem kann das zu ziemlich fiesen Nachbarschaftsstreits ausarten.

Ich würde dir empfehlen, drei verschiedene Gewichtsklassen zu kaufen: drei Kilo, vier Kilo und fünf Kilo.

Pratzen:
Pratzenboxen ist eine super coole Sache, die den meisten Kunden auch wirklich Freude bereitet. Das Gute ist, du kannst wirklich alle drei Ebenen (stehen, sitzen, liegen) auf einmal einbauen, kannst Arme und Beine kombinieren und kannst somit einen super hohen Kalorienverbrauch erzeugen.

Ich empfehle dir, wenn du mit schweren Männern boxt, die wirklich Kraft und Gewicht in ihre Schläge legen können, dass du dir wirklich die am besten gepolsterten Pratzen holst, die es auf dem Markt gibt.

Bei den Handschuhen solltest du dir welche besorgen, die recht schnell an- und wieder ausziehbar sind, denn wir wollen uns nicht mit langem Anziehen der Handschuhe beschäftigen müssen, sondern die kurze Zeit, die wir haben, in ein möglichst optimales Training investieren.
Du wirst merken, dass die Handschuhe relativ schnell anfangen zu stinken, da der Schweiß sie nass macht. Daher kannst du deinen Kunden, die wirk-

lich oft mit dir Boxen und wirklich Freude daran haben, empfehlen, dass sie sich eigene Handschuhe kaufen sollen, was auch relativ oft gemacht wird. Oder du kaufst ihnen die Handschuhe und sie geben dir das Geld.

Hanteln/Powerblocks:
Powerblocks sind meiner Meinung nach eine der genialsten Erfindungen, seit es Hanteln gibt. Du hast eine super Platzersparnis, kannst die Gewichte innerhalb von Sekunden wechseln und dich somit aufs Wesentliche im Training konzentrieren.

Der Nachteil bei Hanteln ist, dass sie einfach schwer sind und es auf Dauer nun mal anstrengend ist, die Dinger immer wieder in den dritten Stock zu schleppen.

Die Powerblocks sind relativ teuer, aber ich habe diese Investition nie bereut, denn sie sind ein gutes Trainingsgerät, mit denen man den Kunden wirklich fordern kann.

Slidepads:
Die Pads benutze ich relativ wenig, da viele Kunden damit nicht so gut umgehen können, denn hier versuchen sie alle auszuweichen und kriegen oft nicht das hin, was man von ihnen verlangt.

Außerdem muss man immer auf den Untergrund achtgeben, denn bei Parkett und Fliesen muss man aufpassen, dass man es nicht zerkratzt.

Allerdings sind die zur Abwechslung auch mal ganz gut, denn das ist ein Gerät, das zur Stabilisierung ganz gut geeignet ist.

Kettlebell:
Ich liebe die Kettlebell, denn hier kannst du richtig gute Übungen machen, die den ganzen Körper beanspruchen.

Auch ein Gerät, das ich nicht sofort in der ersten Stunde benutzen würde, denn hier muss der Kunde schon ein gewisses Körpergefühl entwickelt haben. Die meisten unserer Kunden haben relativ lange nicht oder noch nie wirklich Sport gemacht. Dann ist das etwas, das ich mir für die späteren Stunden aufbewahren würde, wenn der Kunde ein besseres Gefühl für seinen Körper entwickelt hat.

Die Kettlebell verbinde ich mit dem Wort Funktionaltraining, auch wenn das ein Oberbegriff für viele Geräte und Bewegungen ist.

10KG

Ich würde dir empfehlen, dass du dir erstmal drei verschiede Gewichtsklassen kaufst und mit den Gewichten 6 kg, 10 kg und 12 kg anfängst! Dann hast du für den Anfang eine schöne Auswahl und kannst deinen Kunden sehr gut fordern.

Pezziball:
Der Pezziball ist für mich eins der Grundgeräte, die jeder Personaltrainer dabeihaben sollte. Er ist nicht schwer und somit grundsätzlich ganz gut zu transportieren, auch wenn er oft nicht in den Kofferraum passt, sondern auf dem Beifahrersitz gelagert werden muss.

Viele Kunden haben auch Bock, etwas mit einem Ball zu machen und haben daher umso mehr Spaß an diesem Gerät.

Man kann auch hervorragend die Koordination und die tiefliegende Muskulatur damit verbessern, denn die instabile Unterlage fördert genau diese Punkte. Ein tolles Gerät für dein Personaltraining.

Eigenes Körpergewicht:
Hier kommen wir zu dem von mir am liebsten verwendeten Gerät, nämlich dem eigenen Körpergewicht des Kunden. Das Gute dabei ist, dass der Kunde hier wirklich für die Belastungen im Alltag fit gemacht wird. Denn grundsätzlich haben wir ja erstmal nur unser eigenes Körpergewicht zu tragen und müssen genau für diese Belastung fit gemacht werden.

Wenn Übungen zu schwer sind, können wir durch die Verkürzung des Hebels (Liegestütze, Plank auf den Knien) die Belastung verringern und somit auch Anfänger ohne Geräte ganz gut trainieren.

Ein weiterer Vorteil dabei ist, dass du als Trainer nur deine Hände am Kunden haben musst sowie die Ausführung der Bewegung korrigierst, und dich nicht mit schweren Gewichten oder dem Gegenhalten beschäftigst. Denn wir als Trainer müssen uns auch möglichst viel schonen, denn es kann Tage geben, da hat man mal sechs Personaltrainings und wenn dann jedes Training körperlich anstrengend ist, ist das auf Dauer auch ziemlich belastend für unseren Körper. Daher versuche, den Kunden möglichst viel machen zu lassen und dich möglichst wenig körperlich anzustrengen!

Was nicht heißt, dass dein Klient dir die Hanteln aus dem Auto holen sollte, das ist natürlich dein Job! (Wäre aber ein lustiger Gedanke oder?) ;-)

Trainer als Gegengewicht:
Der Vorteil für dich, wenn du das Gegengewicht zum Beispiel mit dem Handtuch darstellst, ist, dass der Kunde diese Übungen nicht alleine machen kann und er somit abhängig von dir ist und dich öfter buchen muss.

Auch wenn ich dieses Beispiel gerade genannt habe, bin ich trotzdem kein Freund von der Aussage, dass wir unsere Kunden von uns abhängig machen sollen. Sie haben uns gebucht, weil sie uns brauchen und alleine nicht an ihr Ziel kommen, daher müssen wir sie nicht von uns anhängig machen, das machen sie schon ganz von alleine, indem sie sich in unsere Hände begeben und uns vertrauen, dass wir das richtige Training mit ihnen machen.

Wenn dein Kunde zum Beispiel in der Plank ist, kannst du mit deiner Hand oder mit einem Handtuch zwischen dir und deinem Kunden, falls er sehr nass geschwitzt ist oder du ihn nicht anfassen möchtest, einen

Gegendruck erzeugen und so auch noch in den letzten Sekunden der Übung das Training steigern und deinen Kunden noch mehr fordern.

Natürlich gibt es noch deutlich mehr Geräte wie zum Beispiel die Flexibar, Redondoball, Therapiekreisel, Flowin, Sandbag, Faszienrolle, Step, Fitbar, Gewichtsmanschette, Lauffallschirme und, und, und. Aber die aufgezählten sind, meiner Meinung nach, die wichtigsten und bekanntesten Geräte, um abwechslungsreich und professionell als Personaltrainer arbeiten zu können.

Fazit:
Du brauchst grundsätzlich nicht viele Geräte, aber du solltest dir auf Dauer immer mehr anschaffen, um eine gewisse Abwechslung in dein Training zu bringen. Variiere jedoch nicht zu viel, denn sonst verzettelst du dich in deiner Zielplanung und bist nur noch darauf fixiert, möglichst viele und andere Dinge mit deinem Kunden zu trainieren.

Liste von Trainingsgeräten, die im Personaltraining geeignet sind:

- Matte
- Handtuch
- Theraband
- Schlingtrainer
- Gewichtsweste
- Medizinball
- Pratzen
- Powerblocks
- Kurzhanteln
- Langhanteln
- Slidepads
- Pezzibal
- Kettlebell
- eigenes Körpergewicht
- Handtuch
- Trainer als Gegengewicht
- Jumper
- Therapiekreisel
- Balance Pad
- Flexibar
- Redondoball
- Flow-In
- Bulgarianbag
- Sandbag
- Faszienrolle
- Step
- Fitbar
- Lauffallschirm
- Gewichtsmanschetten
- Pulsuhr
- Slashpipe
- Equalizer
- Massageball
- Team-Kegel

Spezialisieren

KAPITEL 25

Wenn du langfristig erfolgreich als Personaltrainer arbeiten möchtest, musst du dich früher oder später auf ein bestimmtes Gebiet spezialisieren. Anfangs habe ich das nicht gemacht, weil ich wirklich jeden Auftrag brauchte und alles angenommen habe, was mir angeboten wurde. Ich habe Leute zur Vorbereitung auf einen Halbmarathon, Triathlon, zur Gewichtsreduktion, bei Rückenproblemen, zum Muskelaufbau oder Sonstigem angenommen.

Die haben auch so ziemlich alle ihr Ziel erreicht und waren zufrieden mit meinem Training. Aber wenn du wirklich seriös und professionell wahrgenommen und anerkannt werden willst, musst du dir ein oder zwei Gebiete heraussuchen und alles dafür geben, ein absoluter Spezialist darin zu werden. Am besten etwas, was du an deinem eigenen Leib schon erlebt hast. Wenn du zum Beispiel auch mal dick warst oder auch Jahre lang Probleme mit dem Knie hattest, hast du schon mal ein gewisses Grundwissen über diesen Bereich und musst nicht mehr ganz so viel zu deiner Spezialisierung dazulernen.

Oder wähle einen Bereich, der dir wirklich Spaß macht und dir aus irgendwelchen Gründen am Herzen liegt.

Außerdem kannst du deine Kunden auch besser verstehen, dich besser in sie hineinversetzten, somit besser mitfühlen und ein noch besseres Training geben.

Ich habe mich relativ schnell auf den Bereich „Gewichtsreduktion/Abnehmen“ spezialisiert, weil ich hier das größte Potenzial gesehen habe.

Heutzutage mache ich so gut wie nichts anderes mehr, als Menschen dünn zu machen! ;-) Ich war zwar nie selber dick und kann mich bis heute auch nicht wirklich in die Lage meiner Kunden hineinversetzten, aber ich wollte mich trotzdem darauf spezialisieren und wie man sieht, habe ich das auch sehr erfolgreich geschafft! ;-)

Da ich inzwischen ja schon lange nicht mehr alleine bin, sondern ein Team aus guten Trainern habe, hat sich jeder meiner Mitarbeiter auf ein oder zwei Gebiete spezialisiert. Eine Mitarbeiterin macht zum Beispiel Schwangerschaftsrückbildung und Gewichtsreduktion und ein anderer macht Triathlon oder Boot Camp.

So kann ich viel mehr Kunden bedienen und individueller trainieren, als wenn wir alle das Gleiche machen würden. Ich kann mehr Kunden kompetenter bedienen. Wenn du Probleme mit dem Knie hast, gehst du doch auch zum Orthopäden und nicht zum Allgemeinmediziner. Auch wenn du dafür mal drei Monate warten musst, weißt du ganz genau, dass es für dich besser ist, wenn du zum Spezialisten gehst, denn kein anderer kann dich besser behandeln als er.

Also würden deine Kunden, die abnehmen wollen, auch viel lieber jemanden buchen, der auf diesem Gebiet absolute Spitze ist, als jemanden, der alles anbietet.

Ich selber würde zum Beispiel kein Schwimmtraining anbieten, auch wenn ich das gelernt habe. Ich bin in diesem Gebiet einfach nicht gut genug ausgebildet, um mit gutem Gewissen ein tolles Training anbieten zu können. Denn Grundwissen ist oft nicht ausreichend für Personaltraining!

Diskretion

KAPITEL 26

Als Personaltrainer erfährt man nicht nur einiges über seine Kunden, sondern ALLES! Wirklich ALLES, ALLES, ALLES!!! Das kann manchmal sehr witzig sein und Spaß machen, aber auch sehr ernst und tiefgängig sein. Oder einfach nur schmutzig und verstörend! :D

Als Personalcoach bist du ja wirklich nah an deinem Kunden dran und kriegst wirklich sehr viel aus dem Privatleben deines Klienten mit. Hier ist es super wichtig, dass du die Informationen und Geheimnisse, die dir anvertraut werden, unbedingt für dich behältst.

Denn wenn du die anvertrauten Geheimnisse deiner Kunden an Dritte weiterträgst, wirst du ganz schnell als nicht vertrauenswürdig eingestuft und du bist es dann auch nicht. Und das noch nicht mal nur von deinen Kunden, sondern von der Person, der du es erzählst.

Und jetzt stell dir mal vor, dein Kunde erfährt über andere, dass du Dinge über ihn ausgeplaudert hast, die nicht für andere Ohren bestimmt waren. Dann ist dein Ruf ziemlich schnell ruiniert und wir alle wissen ja, dass es schwer und mühselig ist, einen Ruf aufzubauen, aber sehr schnell und einfach ist, einen Ruf kaputt zu machen.

Bitte behalte alle Geheimnisse deiner Kunden für dich!

Einigen unserer Klienten ist es auch unangenehm, wenn andere über sie wissen, dass sie einen Personaltrainer haben. Daher musst du mit deinem Kunden abklären, ob andere wissen dürfen, dass du mit ihnen trainierst.

Es ist auch oft so, dass sich die einzelnen Klienten eines Personaltrainers kennen. Da muss man auch immer aufpassen, was man dem einen sagt bzw. was man für Informationen über den anderen Kunden preisgibt.

Am besten ist es also, wenn du gar nicht über den anderen sprichst, sondern grundsätzlich andere Themen im Personaltraining hast. Ich habe auch zwei Brüder als Kunden, die zusammen arbeiten und mit mir trainieren. Und sogar da passe ich auf, was ich dem einen über den anderen erzähle.

Zuverlässigkeit

KAPITEL 27

Ich will dir mal eine kleine Story über mich und einen Kunden von mir erzählen.

Grundsätzlich muss ich sagen, dass Zuverlässigkeit eine sehr wichtige Sache im Personaltraining ist. Auch wenn es nicht die entscheidende Kompetenz ist, ob dich ein Kunde bucht, es ist eine sehr wichtige!

In den ersten Jahren als Personaltrainer stand ich teilweise schon 15–20 Minuten zwei Straßen weiter vom Kunden entfernt, bevor das Training überhaupt losging, weil ich absolut pünktlich zum Training erscheinen wollte.

Das hat sich im Laufe der Jahre dann etwas eingespielt und ich hab das nicht mehr ganz so krass gemacht, weil ich es zeitlich durch meine vielen Buchungen nicht mehr hinbekommen habe und weil es natürlich ein Zeitfresser ist, wenn man vor jedem Termin 15 Minuten früher da ist.

Ein Kunde von mir dachte, wir haben einen Termin um 20:30 Uhr. Er wartete dann also auf mich, bereits umgezogen in seinen Sportklamotten. Um 20:32 Uhr guckte mein Klient wieder auf die Uhr und sagte dann zu seiner Frau: „Jari verspätet sich heute!" Darauf meinte seine Frau: „Nein das kann nicht sein, du musst dich irren."

Und was war? Wir hatten den Termin erst um 20:45 Uhr und ich war dann natürlich pünktlich zur Stelle.

Wenn deine Kunden oder ihre Angehörigen in so einer Situation eher daran zweifeln, dass sie sich die Uhrzeit richtig gemerkt haben, als dass du wirklich zu spät bist, dann ist das in meinen Augen der größte Beweis, dass sie dich als zuverlässig sehen!

Die Kunden machen sich teilweise schon lustig über mich, dass ich immer so pünktlich bin. Ich glaube, wenn man diesen Status erreicht hat, dass deine Kunden sich über deine Zuverlässigkeit lustig machen, dann hat man alles erreicht, was man in Bezug auf Zuverlässigkeit erreichen kann! :D

Ich habe auch einen Kunden, der zweimal die Woche mit mir trainiert und grundsätzlich ziemlich verplant ist. Wenn ich abends einen Termin mit ihm zum Trainieren habe, dann schreibe ich ihm vormittags eine Nachricht, dass wir heute Abend um 20:00 Uhr trainieren werden. Das muss er mir dann immer bestätigen.

Wenn ich dann zu ihm losfahre, rufe ich ihn immer eine halbe Stunde vor dem eigentlichen Termin an und sage ihm, dass ich jetzt losfahre und wir gleich einen Termin haben. Wenn ich das nicht mache, kann es sein, dass er so vertieft in seine Arbeit ist und mich einfach vergisst. Die Zeit, die ich investiere um ihn zu erinnern, sorgt dafür, dass mein Kunde sich gut und zuverlässig betreut fühlt und hat für mich den Vorteil, dass ich dann abends nicht ewig warten muss, bis wir das Training starten können. Es ist also eine gut investierte Zeit.

Es ist nicht so, dass ich noch „NIE“ zu spät gekommen bin oder dass ich immer an alles gedacht habe, was ich mit meinem Kunden im Training machen wollte, aber es kommt wirklich selten vor, dass ich mal unpünktlich zum Training erscheine.

Ich rate dir wirklich, zuverlässig zu sein, denn deine Kunden werden es an dir schätzen.

Ich habe öfter Trainings, wo der Kunde gerade mal fünf Minuten zu Hause ist oder quasi mit mir zusammen bei sich zu Hause ankommt, sich umzieht und es dann gleich weiter mit meinem Training geht. Und nach dem Training geht es dann für den Kunden manchmal genauso weiter.

Wir haben also zum Teil Menschen im Training, die wirklich sehr wenig Zeit haben und sehr viel unter Druck und Stress stehen. Und wir als Trainer müssen es unseren Kunden so leicht und angenehm wie möglich machen, denn auch das ist ein Grund, warum sie uns buchen.

Finanzen

KAPITEL 28

In den ersten Jahren meiner Selbstständigkeit hatte ich immer nur ein Konto. Die Kunden überwiesen ihre Zahlungen auf das Konto und ich hab von dem Konto meine Miete bezahlt, meine Steuern, meine Krankenversicherung, mein Essen, mein Auto, meinen Urlaub, einfach alles.

Wenn ich meinte, dass ich Geld brauchte, dann nahm ich es mir, ohne irgendeinen tatsächlichen Überblick darüber zu haben. Was mich auf lange Sicht in Schwierigkeiten brachte, denn wenn man nicht genau weiß, was man ausgibt und was man noch ausgeben muss, ist das auf lange Sicht ein recht großes Problem.

Denn als ich dann Steuern zahlen musste – und das Finanzamt ist ziemlich fordernd – konnte ich es nicht sofort, weil ich alles ausgegeben hatte! Mehrwertsteuer muss man jeden Monat oder alle drei Monate abgeben, und wenn man dann nicht mehr genug auf dem Konto hat, ist man ziemlich am Arsch!

Das ist mir auch passiert und darum hab ich mir dann irgendwann gesagt, jetzt richtest du dir noch ein paar mehr Konten ein. Ich ging zu einer anderen Bank und richtete mir ein privates Konto ein, worauf ich jeden Monat mein Gehalt überwiesen habe. Wie ein Angestellter, der sein Gehalt jeden Monat bekommt.

Das fühlte sich in der ersten Zeit immer komisch an, denn ich wollte ja frei und unabhängig sein, ich wollte nicht nach festen Maßstäben leben. Anfangs war es auch wirklich nicht viel, was ich auf mein privates Konto überwiesen habe, aber es hat zum Leben gereicht.

Außerdem hab ich mir noch ein Unterkonto auf meinem Privatkonto einrichten lassen, um jeden Monat Geld für größere, private Anschaffungen zurückzulegen.

Ich hab mir dann auch gleich noch ein weiteres Unterkonto bei der Bank, bei der ich mein Geschäftskonto hatte, einrichten lassen, ein sogenanntes Steuerkonto. Auf dieses Steuerkonto hab ich jedes Mal bei eingehenden Zahlungen gleich die Mehrwertsteuer der einzelnen Rechnungen überwiesen, denn du musst wissen: Dieses Geld gehört dir nicht, es existiert quasi nicht auf deinem Konto, du kannst es nicht ausgeben. Und bevor ich es hätte ausgeben können, hab ich es gleich weiter auf das nächste Konto überwiesen.

Ich hab auch jedes Mal, wenn ich die Mehrwertsteuer auf das Steuerkonto gepackt habe, gleich ein bisschen Einkommensteuer mit überwiesen, um auch gleich dafür vorgesorgt zu haben.

Ich will dir mit diesem Kapitel sagen, dass Einnahmen nicht gleich Gewinn sind und du dir wirklich Gedanken über dein Geld machen musst! Vielleicht hast du das Ganze auch schon mal gehört und ich erzähle dir hier nichts Neues, aber ich empfehle dir, dies unbedingt zu tun, denn sonst kann es sehr gut sein, dass du in wirkliche Schwierigkeiten gerätst und das möchte ich nicht!

Ich möchte es dir leicht machen, so dass du nicht die gleichen Fehler machst wie ich und dass du viel schneller zum Erfolg kommst als ich. Denn ich glaube, es ist das Grundrecht jedes Menschen, glücklich und erfolgreich zu sein!

Das war aber noch nicht alles, denn ich habe mir irgendwann noch ein weiteres Konto eingerichtet, und zwar ein privates Sparkonto, wo ich jeden Monat einen bestimmten Betrag als Dauerauftrag hin überweisen lassen habe. Stell dir mal vor, es passiert dir etwas, du verletzt dich, brichst dir das Sprunggelenk, hast einen Autounfall und kannst für Wochen oder Monate nicht mehr arbeiten! Hast aber weiter deine laufenden Kosten wie Miete, Versicherung oder Lebensmittel!!! Wie willst du dann überleben, dich über Wasser halten?

Ich empfehle dir unbedingt, Reserven zu haben, mit denen du mindestens ein Jahr ohne zu arbeiten über die Runden kommen kannst. Auch wenn das jetzt im ersten Moment nach viel Geld klingt, rate ich es dir wirklich von ganzem Herzen.

Du wirst merken, allein das Gefühl, dieses Geld zu haben und in Sicherheit zu sein, falls etwas passiert, wird dein Leben so viel besser machen, es wird sich so viel besser anfühlen!

Mit Notreserven hast du jetzt ein ganz anderes Denken, kannst dich gelassener geben, bist authentischer und lockerer und genau diese Einstellung wirst du auch brauchen, um der zu sein, der du werden möchtest.

Jetzt könnte man natürlich auch sagen, ich bin eher der Typ, der Druck im Nacken braucht, der ohne Druck nicht arbeiten kann, Diamanten werden unter Druck gemacht!

Ja, Druck ist oft auch gar nicht so schlecht, aber ich kann dir aus eigener Erfahrung sagen, dass du dieses Geld wirklich haben solltest und brauchst, um dein Leben wirklich deutlich mehr zu genießen!

Du siehst also, ich habe vier Konten und jedes hat seine Berechtigung und ist sinnvoll!

Mehrwertsteuer

KAPITEL 29

Die Mehrwertsteuer ist auch ein Ding für sich, denn am Anfang deiner Selbstständigkeit musst du noch keine Mehrwertsteuer ausweisen. Erst ab einem voraussichtlichen Jahresumsatz von höher als 17.500,00 Euro musst du deine Mehrwertsteuer tatsächlich auf der Rechnung angeben. (Umsatzsteuerbefreit nach § 19 Abs. 1 UStG)

Und da es anfangs sinnvoll erschien, alles mehrwertsteuerfrei zu machen, weil man dann selber 19% mehr Einnahmen hat, die man nicht an das Finanzamt abgeben muss, habe ich das auch gemacht, was mir später allerdings Schwierigkeiten bereitet hat. Denn die ersten Jahre habe ich nicht über 17.500,00 Euro Umsatz gemacht und somit keine Mehrwertsteuer auf meine Personaltrainingstunden berechnet.

Als ich dann aber in den Umsatzbereich von über 17.500,00 Euro gekommen bin, hat mir das Finanzamt gesagt, dass ich jetzt 19% auf den Preis meiner Stunden draufschlagen muss.

Und jetzt hat man natürlich zwei Möglichkeiten: Entweder man rechnet die 19% auf den aktuellen Preis drauf und erhöht den Preis für den Kunden oder man behält den gleichen Preis und zieht die Mehrwertsteuer davon ab, was zur Folge hat, dass man einfach nicht mehr so viel verdient wie vorher!

Und genau das wurde auch mir zum Verhängnis! Ich hatte mehrere Kunden, bei denen ich die Preise nicht erhöhen konnte, weil die nicht mehr zahlen wollten. Und zu dem Zeitpunkt war ich auf diese Kunden noch angewiesen.

Und das war für mich ziemlich blöd, denn ich arbeitete genauso viel, verbesserte meine Personaltrainings durch mehr Erfahrung und Wissen und verdiente plötzlich weniger als vorher!!!

Ich habe dann mit den meisten Kunden die Vereinbarung getroffen, dass wir halbe-halbe machen und habe dann den Endpreis nicht um 19%, sondern nur um 9,5% angehoben.

Und da die meisten meiner Kunden auch Unternehmer waren und heute auch noch sind, konnte die Mehrheit das ganz gut nachvollziehen und hat mich nicht komplett hängen lassen.

Ich rate euch, macht es lieber von Anfang an mit ausgewiesener Mehrwertsteuer, um euch genau diese Probleme zu ersparen, denn solche Sachen machen wirklich keinen Spaß. In meiner Ausbildung zum Personaltrainer wurde mir das gleich geraten. Ich hab aber nicht drauf gehört und es hinterher bereut!

Haftpflichtversicherung

KAPITEL 30

Als selbstständiger Personaltrainer, der immer wieder an verschiedenen Orten mit unterschiedlichen Menschen arbeitet, brauchst du eine Betriebshaftpflichtversicherung, um vor eventuellen Schäden versichert zu sein. Diese Haftpflichtversicherung kostet nur ein paar hundert Euro im Jahr und sollte wirklich abgeschlossen werden.

Ich habe meine Versicherung Gott sei Dank noch nie gebraucht, aber im Notfall ist es immer die bessere Option, eine zu haben. Wir arbeiten oft mit Menschen, die relativ viel Geld haben, die teure Einrichtungsgegenstände und Autos haben.

Stell dir vor, du lässt die Hantel auf das Parkett fallen oder du gehst mit deiner Trainingstasche am Porsche deines Kunden vorbei und kratzt damit am Lack und hinterlässt einen Schaden.

Wenn du dir eine Betriebshaftpflichtversicherung besorgen solltest, suche dir bitte einen guten Versicherungsmakler, der unabhängig Versicherungen verkauft und schon länger im Geschäft ist und das Ganze nicht zum ersten Mal macht. Nur so kannst du gut beraten werden.

Rentenversicherung

KAPITEL 31

Wenn ich schon an dieses Thema denke, wird mir schlecht, denn hier hatte ich richtig große Probleme.

Wenn du selbstständiger Lehrer, Trainer oder Coach bist, bist du verpflichtet in die gesetzliche Rentenversicherung einzuzahlen. Auch wenn du wirklich zu 100% selbstständig bist und dann meiner Meinung nach selber entscheiden können solltest, was und wo du für deine Rente einzahlst, bist du leider dazu verpflichtet, in die gesetzliche Rentenversicherung einzuzahlen!

Und da fällst du als Personaltrainer leider absolut rein, was mir lange Zeit sehr viel Sorgen und Ärger bereitet hat.

So lange die Rentenversicherung nichts von deiner Selbstständigkeit weiß, musst du auch nicht einzahlen, aber wenn sie erfährt, dass du selbstständiger Trainer bist und noch nicht einzahlst, wirst du dazu verdonnert! Es kann sogar sein, dass du für die letzten drei Jahre nachzahlen musst und das ist ein ziemlicher Haufen Geld!

Zuerst wollen sie genau prüfen, was du machst und informieren sich zum Beispiel über deine Website, was du genau anbietest. Dann prüfen sie dich offiziell und du bekommst ein Formular zugeschickt (Statusfeststellung Fragebogen V027), das du ausfüllen musst!

Bitte bloß nicht alleine ausfüllen, suche dir am besten einen Rentenberater oder einen Anwalt, der dich dazu berät und dir genau sagt, was du wie formulieren oder ausfüllen musst.

Auch wenn dich das im ersten Moment Geld kosten wird, mache es, denn es wird dich deutlich mehr Geld kosten, es nicht zu tun!

Auch wenn wir inzwischen wissen, dass es nicht mehr so viel Sinn macht, in die gesetzliche Rentenversicherung einzuzahlen, da wir schon lange nicht mehr das herausbekommen, was wir einzahlen müssen, sind wir dazu verpflichtet.

Und die Rentenversicherung ist gierig, denn im Angestelltenverhältnis müsste der Arbeitgeber die eine Hälfte bezahlen, und die andere der Arbeitnehmer. Da du in deinem Fall aber beides bist, musst du auch beides bezahlen und das sind einige hundert Euro pro Monat. Je nachdem, was du verdienst!

Es gibt ein paar Tricks, wie du aus dieser Situation herauskommen kannst. Entweder du hast einen Mitarbeiter, der über 450 Euro im Monat bei dir verdient, der bei dir also mindestens eine Teilzeitstelle hat und sozialabgabenpflichtig ist, oder du änderst deine Tätigkeit (Titel), so dass es nicht mehr in die Sparte Lehrer, Trainer, Coach hineinfällt! Das kannst du aber nur mit einem Berater machen, der sich mit der Materie auskennt und wenn du selber vorher noch keine Informationen an die RV gegeben hast.

Ich habe das Ganze so geregelt, dass ich zu der Zeit meinen ersten Mitarbeiter eingestellt habe und somit aus der Zahlungspflicht herauskam. Das war ein echter Befreiungsschlag für mich und ich musste nicht mehr jeden Monat hunderte von Euros an die RV zahlen.

Was ich dir damit sagen will: Wir sind leider in der Situation, dass wir in die gesetzliche Rentenversicherung einzahlen müssen. Das ist in meinen Augen finanziell nicht die optimale Lösung. Es gibt andere Arten vorzusorgen, die sich deutlich mehr lohnen.

Es gibt legale Möglichkeiten und Wege, nicht in die Rentenversicherung einzahlen zu müssen. Suche dir dafür Hilfe bei guten Beratern und Leuten, die sich wirklich auskennen! Ich empfehle dir sehr, nicht meinen Fehler zu machen und über Jahre in die gesetzliche Rentenversicherung einzuzahlen!

Firmenkunden im Personaltraining

KAPITEL 32

Einen weiteren Tipp, den ich dir geben möchte, ist, dass dich nicht nur Privatpersonen buchen können, sondern auch sehr viele Firmen, die ihre Mitarbeiter gesund halten wollen.

Das kann so aussehen, dass du zum Beispiel in den Betrieb kommst und mit einer Gruppe von 10–20 Leuten ein Laufeinsteigerprogramm machst. Oder die Firma will, dass du Bürofitness mit ihnen machst, die Mitarbeiter im Bürooutfit mobilisierst, so dass sie dabei nicht schwitzen.

Der Vorteil hierbei ist, dass du wirklich jede Woche feste Termine hast und wenn auch mal einer nicht zum Training kommt, immer noch genug andere da sind und der Kurs somit nicht ausfallen muss.

Im Personaltraining ist das Problem, wenn der Kunde nicht da ist, ist er nicht da und du verdienst dann kein Geld, denn ohne Kunde kein Geld.

Firmen sind eher dazu bereit, mehr Geld für die einzelnen Stunden auszugeben.

Außerdem hast du hier nicht das Problem mit der Mehrwertsteuer, denn die ist für eine Firma einfach ein durchlaufender Posten. Du kannst also immer in der Nettosumme mit deinen Verhandlungspartnern sprechen und dann die MwSt. draufschlagen.

Ab und zu ist es auch so, dass Krankenkassen uns buchen und wir für verschiedene Kassen diverse Gesundheitstests in Firmen anbieten und die Kasse dafür zahlt. Das sind natürlich auch immer sehr begehrte Tage von mir, weil ich dabei keine Akquise betreiben muss und nur darauf warte, dass mal wieder eine Krankenkasse anruft und einen Testtag von uns bucht. Das machen die Kassen, um in den einzelnen Betrieben neue Kunden zu werben und um die potenziellen Kunden zu locken. Sie bieten kostenlose Tests für die Teilnehmer an. Und genau diese Tests machen dann wir. Das können Krafttests sein, Stressmessungen, Fettmessungen oder andere Parameter über den Körper, die wir feststellen.

Personaltraining absetzen:
Eine weitere, sehr interessante Sache ist, dass Firmen deine Leistung als Personaltrainer und Gesundheitsberater von der Steuer absetzen können.

Man kann pro Mitarbeiter 500 Euro brutto im Jahr für gesundheitsfördernde Maßnahmen absetzen. Als ich das festgestellt hatte, hat sich für mich ein ganz neuer Markt aufgetan, den ich natürlich auch sofort genutzt habe.

Inzwischen ist es so, dass wir diverse Kunden im Personaltraining haben, bei denen der Arbeitgeber das komplette Training bezahlt! Solche Kunden sind super wertvoll und bleiben meistens auch sehr lange dabei.

Warum wir alle unterbezahlt sind

KAPITEL 33

Ich möchte, dass du dein Denken veränderst, um langfristig ausgebucht und erfolgreich zu sein.

Grundsätzlich funktioniert das Personaltraining durch ein Tauschgeschäft. Wir bekommen zum Beispiel 100 Euro von unseren Klienten pro Stunde und dafür geben wir unsere Zeit und unser Wissen als Austausch. Wie halt so ziemlich jedes Geschäft funktioniert. Tauschgeschäft!

Ich hatte früher immer das Denken, dass meine Zeit, also die 100 Euro, genauso viel Wert ist, wie das, was mein Kunde von mir bekommt.

Heute muss ich sagen, dass mein Kunde viel, viel mehr von mir bekommt als ich von ihm. Denn die Ausmaße, die er hätte, wenn er nicht mit mir trainieren und abnehmen würde, würden ihn viel mehr Geld kosten, würden sein Leben viel mehr einschränken als ohne das Training mit mir.

Denn er bekommt Gesundheit, er bekommt Energie, er bekommt Beweglichkeit, er bekommt Freiheit, er bekommt Ausstrahlung und, und, und. Diese Dinge sind mit Geld kaum zu bezahlen, denn das ist es, was das wirkliche Leben eigentlich ausmacht. Das ist so viel mehr wert als die paar Euros, die er bei uns lässt.

Ich sage zu meinen Kunden immer, wenn sie ihr Ziel erreicht haben und vielleicht dabei 3000 Euro an mich bezahlt haben, dass das, was sie dafür bekommen haben, locker eine Million wert ist. Dass sie wirklich günstig davongekommen sind.

Denn ich habe durch mein Coaching schon sehr viele Leben verlängert, ich bin mir sogar sicher, dass ich einige meiner Klienten vor dem frühzeitigen Tod bewahrt habe.

Sehr viele Menschen wünschen sich zum Geburtstag, zur Hochzeit oder Taufe immer Gesundheit. Es heißt immer, dass Geld nicht so wichtig ist, Hauptsache man ist gesund!

Ja, das stimmt auch, das sehe ich nicht anders. Aber wer tut denn was für seine Gesundheit, wer kümmert sich denn wirklich um sich und seinen Körper? Leider nur die Wenigsten, oder soll ich sagen: Zum Glück, denn sonst hätten wir keinen Job!

Ich möchte, dass du deinen Blickwinkel auf deine Arbeit veränderst und anfängst, so zu denken, dass der Kunde glücklich sein kann, dass er mit dir trainieren darf.

So denke ich auch und das wiederum veränderte mein Handeln. Du denkst nicht mehr: „Gott sei Dank bucht er mich!“ Sondern: „Er kann froh sein, diesen Schritt, mich kontaktiert zu haben, gegangen zu sein.“ Damit verhältst du dich wiederum anders ihm gegenüber und machst deine Arbeit wertvoller und kostbarer.

Das heißt natürlich nicht, dass du respektlos sein sollst oder ihn von oben herab behandeln sollst. Nein, ganz im Gegenteil, wie auch schon in den vorherigen Kapiteln erwähnt, sollst du deinen Kunden hochheben, ihn ehren und ihm ein gutes Gefühl der Anerkennung und Annahme geben.

Und trotzdem sollst du wissen, dass er froh sein kann, dich als Trainer haben zu dürfen.

Kundenstorys

KAPITEL 34

Ich kann dir ein paar Geschichten von meinen Kunden erzählen, damit du siehst, was wir Tolles bei unseren Kunden bewirken können. Was wir für eine wertvolle Arbeit in diese Welt tragen!

Eine ehemalige Klientin von mir hatte, als ich mit ihr angefangen habe zu trainieren, eine sehr schwere Zeit in ihrem Leben. Viele Dinge sind einfach nicht so gelaufen, wie sie es gerne gehabt hätte, sie war innerlich total kaputt, ausgelaugt und mit ihren Nerven am Ende.

In dieser Zeit hat sie eine Kur beantragt, die leider abgelehnt wurde. Sie stand kurz vor dem Burnout!

Genau in dieser Zeit hat sie angefangen, mit mir zu trainieren, abzunehmen und ihren Körper fit und lebendig zu machen.

Der Umgang mit mir und das körperliche Training tat ihr damals so gut, dass sie nicht mehr zur Kur musste, die dann nach langem Hin und Her doch endlich genehmigt wurde.

Sie meinte irgendwann nach dieser Zeit zu mir, dass diese eine Stunde das Highlight der Woche war, dass sie sich von Personaltraining zu Personaltraining gehangelt hat und somit den Alltag überstehen konnte.

Ich freue mich heute noch über diese Geschichte, denn diese Erfolgsgeschichten lassen mich meinen Job wirklich lieben. Für diese Momente lohnt sich jedes frühe Aufstehen, jede Schweißperle und jede unangenehme Arbeit, die unser Job ab und zu mit sich bringt.

Eine andere Kundin von mir hat auch eine wirklich tolle Geschichte: Ihr Name ist Mia und sie arbeitet in einer Lebensmittelfabrik. Sie war damals wirklich extrem übergewichtig und hatte schon lange versucht, abzunehmen. Sie wurde von Teilen ihrer Familie auch damals öfter aufgefordert, Gewicht zu verlieren, hat es aber alleine nicht wirklich geschafft. Daraufhin hat ihre Firma gesagt: „Mia, besorg dir einen Personaltrainer, wir bezahlen ihn!"

Also hat sie nach einem Personaltrainer gesucht und mich gefunden. Ich schickte ihrer Firma ein Angebot, wie lange das Ganze dauern würde, was ich machen will und was das Ganze kosten wird.

Und was passierte? Ich wurde abgelehnt, man befand mich für nicht gut genug. Die Argumentation war, dass ich keine Ahnung von Verhaltenstherapie hätte.

Mia wollte aber unbedingt mit mir trainieren, also zahlte sie das Training selber. Was für sie damals wirklich viel Geld war und sie sich auch wirklich gut überlegen musste. Aber sie tat es und fing an, mit mir zu trainieren. Ich trainierte mit ihr nach meinem Onlineprogramm **www.verlieregewichtgewinneleben.de** und es war unfassbar erfolgreich.

Als sie die ersten zehn Kilo verloren hatte, haben ihre Arbeitgeber gesagt: „Okay, wir bezahlen doch! Aber nur bis Ende des Jahres." Das waren fünf Monate.

Nach diesen fünf Monaten hatte Mia 48 Kg abgenommen!!!!! Daraufhin bekam ich eine Einladung der Geschäftsführung und des Personalchefs, um zu erzählen, wie ich das gemacht hatte.

Ein wirklicher BIG-MOMENT in meiner Personaltraining-Karriere war, als ich das Firmengebäude betrat. Gut gekleidet und mit dem Gefühl, dass andere mich unterschätzt und mich für nicht kompetent genug eingestuft hatten!!! :D

Daraufhin wurde das Training natürlich verlängert! ;-) Mia hat im ersten halben Jahr 55,4 kg abgenommen und bis heute hat sie über 70 Kilogramm Körpergewicht verloren und ist unglaublich fit geworden! Mia ist bis heute mein größter Erfolg in Sachen Gewichtsreduktion. Sie ist ein Meisterwerk! (Fotos von ihr auf www.verlieregewichtgewinneleben.de)

Ich war mir von der ersten Stunde an sicher, dass sie ihre Ziele erreichen wird, dass sie wirklich hart und fleißig an sich arbeiten und sich super entwickeln wird. Denn die Bereitschaft, die gesamten Kosten selber zu tragen, was, wie gesagt, für sie wirklich ein Haufen Geld war, zeigte mir, dass sie es wirklich wollte, dass sie mir vertraute und auf mich hören würde.

Und das ist auch wieder ein Beispiel dafür, dass es immer wieder Rückschläge im Leben geben wird, dass ein „Nicht-aufgeben" und eine gewisse Hartnäckigkeit aber den gewünschten Erfolg bringen. Dass man abgelehnt wird, ohne dass dein Gegenüber überhaupt genug von dir weiß! Denn es war schon ein doofes Gefühl, als die Fabrik meine Leistung abgelehnt hat und mich nicht bezahlen wollte.

Ich möchte, dass du immer weitermachst, dich nicht stoppen lässt und deine Vision von dem besten Leben, das du leben kannst, lebst!!! Du hast es nämlich verdient!

Ich habe einen weiteren Kunden, der mich auch nachhaltig beeindruckt hat. Ich ihn allerdings wohl auch! ;-)

Ein Unternehmensberater, der in ganz Deutschland unterwegs ist und als Senior Manager arbeitet. Er hat, bevor er mich kannte, schon wirklich gut Sport gemacht und sich relativ sauber ernährt. Damals hatte er auch schon einen Personaltrainer und wollte trotzdem noch den letzten Rest an Bauchfett loswerden und ein Sixpack haben. Das hat er seinem Trainer gesagt, der allerdings mit der Antwort kam: „Da hilft nur noch Fettabsaugen!" :D

Finde ich eigentlich ziemlich lustig die Antwort, fand der Kunde aber nicht und hat über eine Empfehlung meinen Kontakt in die Hände bekommen.

Also fingen wir an zu trainieren. Ich sagte ihm, was er essen sollte und was er noch für Sport außerhalb unseres Trainings mache musste. Das machte er dann auch, und ich bekam ihn von 16% Körperfett auf dauerhafte 8% runter. Jetzt ist sein Sixpack deutlich besser zu sehen!

Was ich dazu noch sagen muss, ist, dass er das Gewicht und den Körperfettanteil dauerhaft hält und das mit fast 50 Jahren! So was beeindruckt mich und freut mich jedes Mal, wenn ich mich daran zurückerinnere.

Wenn du als Personaltrainer solche Storys vorzuweisen hast, ist das schon wirklich sehr cool und es unterstreicht deine Kompetenz.

Ein anderer Kunde hatte mich mal über eine Empfehlung kennengelernt. Er wollte 12 Kilo abnehmen. Er hatte gar nicht so viel Gewicht, war aber schon etwas übergewichtig und musste Gewicht verlieren. Er wollte unbedingt unter 90 Kilogramm wiegen.

Also fingen wir an zu trainieren. Ausdauer, Kraft und Beweglichkeit, und natürlich gute Ernährung.

Als ich ihn dann wirklich bis unter 90 Kilo gebracht hatte, schmiss er eine Party. Eine U-90-Party, unter 90 Kilo!!! :D

Das war auch eine sehr lustige Party, denn er hatte alle seine Unterstützer eingeladen, alle diejenigen, die ihm dabei geholfen hatten, abzunehmen.

Ein sowieso sehr verrückter Typ, aber solche Leute mag ich ganz besonders. Ein Unternehmensberater, der fast am ganzen Körper tätowiert ist und bei der Arbeit immer lange Sachen trägt, weil die Tattoos verdeckt werden müssen. Ich finde das sehr cool, weil er wie in zwei verschiedenen Welten lebt. Einmal in der seriösen Businesswelt und einmal in der Rocker-Linken-Metal-Welt!!

Ein anderer Kunde von mir ist die größte Muschi, die ich kenne. Er versucht immer wieder Ausweichbewegungen zu machen und sich vor jeder Übung zu drücken und hat immer, wenn ich da bin, null Bock auf Sport! Er ist wirklich der unmotivierteste Kunde, den ich je hatte!

Aber auch wenn er keine Lust hat, kein Bock auf Anstrengung, keine Lust zu schwitzen und sich richtig zu ernähren, muss ich sagen, er ist der absolut zuverlässigste und kontinuierlichste Kunde, den ich je hatte. Er hat immer Zeit, er hat so gut wie noch nie abgesagt, außer er ist im Urlaub. Und das ist eine ganz wertvolle Eigenschaft, die am liebsten jeder unserer Kunden haben sollte.

Zum einen bleibt er so dauerhaft beim Sport, und zum anderen kann ich mich jeden Monat darauf verlassen, dass er auch wirklich da ist und ich mein Geld verdienen werde. Für ihn und für mich sehr wertvoll.

Ein anderer Kunde, der auch schon seit einigen Jahren mit mir und meinem Mitarbeiter immer im Wechsel trainiert, hat auch eine ganz besondere Eigenschaft. Man kann mit ihm jede Übung machen. Man kann mit ihm alles machen, was man will – er macht immer mit, und vor allem: **Er gibt immer alles!!!**

Er gibt nicht nur alles, er gibt meistens sogar noch mehr. Der Typ ist irre. Er würde lieber sterben, als die letzte Wiederholung, die ich vorgebe, nicht zu schaffen. Der gibt nicht 110%, der gibt immer 120% und das jeden Morgen, jedes Training, jeden Tag! Der schläft teilweise nur zwei Stunden in der Nacht vor dem Training, weil er die ganze Nacht durcharbeitet, und trainiert dann morgens früh mit uns wie ein Verrückter, als wenn es um sein Leben ginge!

Wenn mein Mitarbeiter und ich über diesen Klienten sprechen, dann heißt es bei uns immer nur: Hart – härter – Harald Röhrs!!! :D

Was ich hier jedoch ergänzen sollte, ist, dass wir auch auf unsere Kunden und deren Gesundheitszustand achten müssen. Denn wenn jemand dauerhaft so viel arbeitet und wenig schläft und dann noch mit uns weit über die Grenzen geht, dann kann das schon mal schnell ungesund werden und für den Körper zu einer Überlastung führen.

Daher müssen wir wirklich aufpassen, was wir mit unseren Kunden machen und sie auch darauf hinweisen, dass einige Dinge nicht gut für sie sind. Denn der Körper braucht auch Ruhe und Regeneration.

Ohne Regeneration keine Aktion!!!!!

Warum schreibe ich dieses Buch überhaupt?

KAPITEL 35

Du bist jetzt im letzten Kapitel angekommen und ich freue mich, dass du es bis hierher geschafft hast.

Wenn du dieses Buch nicht von Anfang an gelesen hast, sondern immer nur kleinere Abschnitte zwischendrin, dann empfehle ich dir unbedingt, es Kapitel für Kapitel durchzulesen. Ich habe jedes Wort hier so aufgeschrieben und meinen Ausdruck ganz bewusst so gewählt, wie ich auch spreche, wie ich wirklich bin, um dir den Weg zu einem erfolgreichen Personaltrainer so leicht wie möglich zu machen.

Genauso wie ich bin, offen, ehrlich, authentisch und mit kleinen Fehlern, aus denen ich aber lerne, genauso ist auch mein Buch!

Ich hoffe, dass ich dir weiterhelfen konnte und dich ein großes Stück nach vorne gebracht habe. Wenn du dieses Wissen anwenden wirst, bin ich mir ziemlich sicher, dass auch du sehr schnell, sehr erfolgreich und ausgebucht sein wirst.

Eine Sache möchte ich dir aber noch sagen: Du kannst nun alle Tricks und Techniken, Skills und Tools aus diesem Buch anwenden und ein cooles Leben als Personaltrainer leben. Aber wenn du dir nicht bewusst bist, warum du das Ganze machst, dann wirst du nicht das perfekte Dasein auf dieser Erde verleben.

Ich bin auf dieser Erde, um möglichst vielen Menschen zu einem neuen Leben zu verhelfen.

Ein Leben das frei ist, frei von Ängsten, frei von Einschränkung und frei von Negativität.

Ich glaube, dass ich auf dieser Welt bin und den Beruf als Personaltrainer habe, um den Menschen zu zeigen, dass das Leben deutlich leichter ist, als die meisten es sich wirklich vorstellen. Dass wir viel mehr Spaß im Leben haben können, als die meisten es wirklich haben, denken und leben.

Ich bin Lifecoach, um meinen Kunden die Ängste und Blockaden zu nehmen und um das freie, unbeschwerte Leben zu coachen. Ich bin Personal Fitnesstrainer, um meinen Klienten einen neuen Körper zu geben. Einen Körper, der stark, gesund und energetisch ist. Der belastbar ist und nicht so leicht zu Boden geht.

Ich schreibe dieses Buch, damit auch möglichst viele andere Personaltrainer erfolgreich werden und diese Skills bei ihren Kunden anwenden können. Damit auch eure Kunden dieses neue, geile Leben erfahren können und noch mehr Leute die Schönheiten des Lebens genießen werden.

Ich würde mir wünschen, dass du jetzt mit diesem Wissen in die Welt gehst und auch deine zukünftigen und aktuellen Kunden coachst und ihnen zeigst, was das Leben zu bieten hat.

Danke, dass du dieses Buch gelesen hast.

Wenn du jemanden kennst, der dieses Buch auch lesen sollte, dann schenke ihm ein Exemplar. Ich glaube, das ist etwas, womit du ihm wirklich weiterhelfen kannst! Und jetzt geh raus und lebe die beste Version deiner selbst!!!

Dein Jari

BONUS:

Wie du deinen Trainee steuerst

KAPITEL 36

Ich schreibe dir noch ein Zusatzkapitel, weil ich dir noch einen Geheimtipp mitgeben möchte! Du erinnerst dich doch hoffentlich noch an das Kapitel „Lifecoaching" mit dem Themeninhalt:

Gedanken – Worte – Taten – Gewohnheiten – Charakter – Schicksal

Jetzt, da du das Buch gelesen hast, hast du ja einige Skills mehr drauf als so manch anderer Personaltrainer. Du kennst inzwischen die Grundlagen, die ich dir in diesem Buch beigebracht habe. Kannst sie aber wahrscheinlich noch nicht so gut umsetzen und es fehlt dir an Praxistipps! Und genau diese Tipps gebe ich dir jetzt!

Ich habe dir ja gesagt, dass es super wichtig ist, dass wir als Trainer unsere Kunden so fordern, dass sie ihre Ziele aussprechen, da Worte sehr viel Macht haben.

Jetzt stell dir folgende Situation vor: Du bist mit deinem Kunden, der abnehmen möchte, gerade im Park draußen am Joggen und du möchtest, dass er einen Erfolg „spürt", dass er selber realisiert, wie er sich gerade immer weiter verbessert und Stück für Stück seinem Ziel näherkommt.

Oder ihr seid am Joggen und dein Kunde ist nicht so gut drauf, weil er nicht so viel abgenommen hat, wie er eigentlich hätte abnehmen wollen.

Ihr seid also am Laufen und du willst, dass er etwas Positives spürt. Nun weißt du, dass in 100 Metern ein kleiner Berg kommt, es geht bergab, nur ganz leicht, nicht sehr steil.

Jetzt lenkst du das Gespräch so, dass du die Frage stellen kannst: „Das Abnehmen ist doch gar nicht so schwer, wie du anfangs gedacht hast, oder? Das Joggen geht inzwischen echt viel besser als in den letzten Stunden, die du gelaufen bist, oder?“

In dem Moment, wo der Kunde bergab läuft, fühlt es sich tatsächlich leichter an zu joggen und es läuft sich fast von alleine! Er realisiert gar nicht, dass es nur daran liegt, dass er bergab läuft und empfindet es wirklich als Verbesserung!

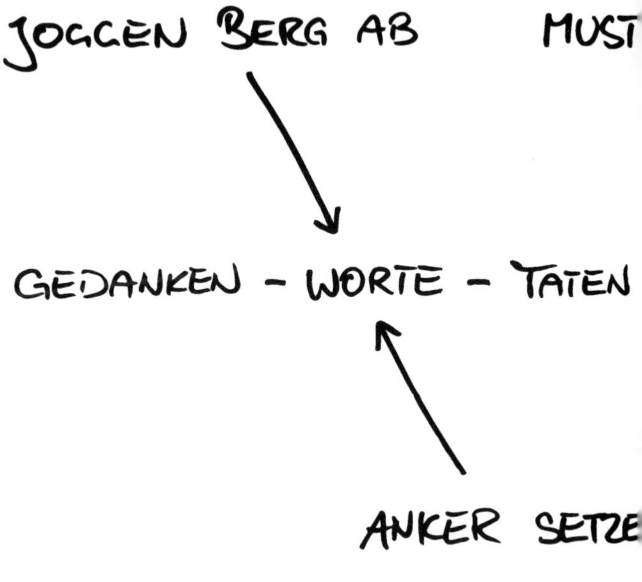

Und er wird sagen: „Ja, stimmt, du hast Recht, das Joggen ist nicht mehr so anstrengend wie früher!"

Und genau auf diesen Moment hast du gezielt hingearbeitet, denn er hat ausgesprochen, dass er besser geworden ist. Und das Gute daran ist, er fühlt es wirklich, wenn er läuft.

So kannst du Dinge bei deinem Klienten verfestigen und unterbewusst in sein Leben bringen. Denn genau dafür, dass er an sein Ziel kommt, bezahlt er dich, dafür bist du da!

NPFLANZEN

↓

EWOHNHEIT – CHARAKTER – SCHICKSAL

Danksagungen

ICH MÖCHTE MICH NOCH BEI EINIGEN MENSCHEN, DIE MICH BEI DIESEM BUCH UND ANDEREN PROJEKTEN UNTERSTÜTZT HABEN, BEDANKEN!

Vielen Dank an **Sandra**. Sie ist die erste Frau, die das Onlineprogramm „Verliere Gewicht, gewinne Leben" absolviert und sich somit 33 Kilo leichter gemacht hat.

Sandra, vielen Dank für all deine Unterstützung bei meinen Projekten! Sei es beim Onlineprogramm, welches du durch deine Kritik und deinen Rat deutlich aufgewertet hast, oder sei es bei der ersten Korrekturlesung dieses Buches. Du hast die Struktur dieses Buches um ein Vielfaches angehoben und die Verständlichkeit nochmals verbessert. Ich könnte dich fast als Co-Autorin erwähnen! ;-)

Außerdem möchte ich mich bei **Niclas** bedanken, der das Design und das Layout für mein erstes Buch erstellt hat.

Ich schätze deine Zuverlässigkeit, die Dinge zum fälligen Abgabetermin fertigzustellen.

Außerdem schätze ich extrem deinen Drang, etwas zu vollenden. Du hast schon einige Projekte für mich realisiert und bist immer sehr akribisch hinterher, deine Aufgaben schnellstmöglich zu erledigen. Du gehst mir immer wieder auf den Sack und treibst mich an, wenn ich dein Tempo mal nicht halten kann.

Danke für deine Arbeit, Niclas!

Ein weiterer großer Dank geht an **Nicole**, die mich immer wieder bei der Rechtschreibung von verschiedenen Projekten unterstützt und auch eine Korrekturlesung für dieses Buch gemacht hat.

Danke für deine wertvollen Tipps und deine vergeblichen Bemühungen, mir den Unterschied zwischen „dass" und „das" beizubringen! Deine Versuche haben bis heute noch nicht wirklich Frucht getragen und wenn du mir ein Zeugnis ausstellen müsstest, wäre der Wortlaut *„Er hat sich stets bemüht..."* die Beschreibung, die du für mich verwenden würdest! :D Aber vielleicht werde ich es mir ja irgendwann mal merken können, denn wie wir ja in diesem Buch gelernt haben: Nie, nie, nie aufgeben... **Niemals!!!** ;-)

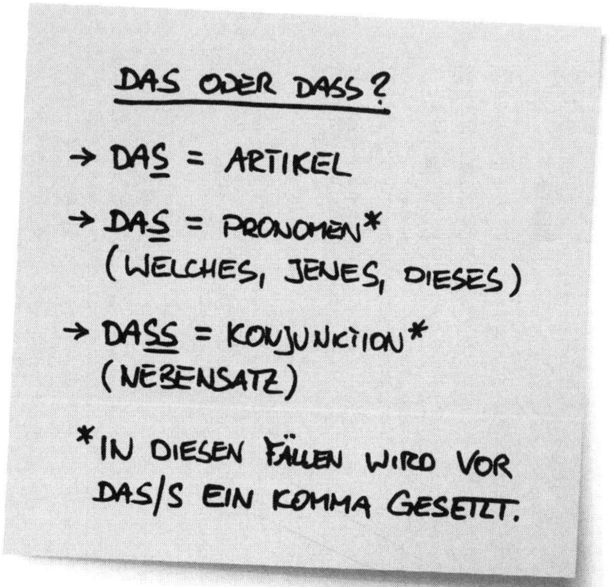

KARVONEN FORMEL

ERMITTLUNG DER TRAININGSPULSFREQUENZ

Im Ausdauer- und Schnelligkeitsbereich kann die Intensität mit Pulswerten (für uns die einfachste Methode), Laktatwerten (Milchsäure im Blut) oder anhand von Geschwindigkeiten gemessen werden.

KARVONEN FORMEL

Trainingspuls = Ruheherzfrequenz + ((Maximale Herzfrequenz – Ruheherzfrequenz) × Intensität)
TP = RHF + ((MHF – RHF) × Intensität)

Ruheherzfrequenz		**Messen vor dem Aufstehen an 7 auf einander folgenden Tagen. Mittelwert nehmen**	
Maximale Herzfrequenz		**Laufen:**	226,5 – Lebensalter bei Frauen 220,5 – Lebensalter bei Männern
		Rad:	226 – Lebensalter bei Frauen 220 – Lebensalter bei Männern
Intensitäten	**Laufen:**	50–60% = Fettbereich (Fette) 60–70% = Gesundheitsbereich (Fette & Kohlenhydrate) (Stabilisations- & Entwicklungsbereich) 70–75% = Fitnessbereich (Kohlenhydrate) (Grenzbereich der aeroben Kapazität)	
	Rad:	50–60% = Fettbereich 60–65% = Gesundheitsbereich 65–70% = Fitnessbereich	

Die Karvonenformel bietet die Möglichkeit individuelle Pulswerte zu berechnen und in verschiedene Trainingszonen zu unterteilen. Vergleiche mit Laktattests zeigen eine hohe Übereinstimmung der Pulswerte. Ideal im Gesundheits- und Fitnesssport wenn die Möglichkeit der Ruheherzfrequenz-bestimmung besteht.

Quellenangaben

Rückseite: Karl Lagerfeld. Talkshow Markus Lanz, ZDF, 19. April 2012

Paul Watzlawick, Man kann nicht nicht kommunizieren. 2 Auflage Hogrefe Verlag, Bern

Gary Chapman, Die 5 Sprachen der Liebe, 2010, Francke Verlag: Am Schwanenhof 19 35037 Marburg

Anthony Robbins, Das Robbins Powerprinzip, 1 Auflage 2004, Ullstein Buchverlag GmbH Berlin, s. 177

Richard Bandler, Leitfaden zur Persönlichen Veränderung, 2009 Deutsche Ausgabe, Bookmark NLP Uwe Böhm, Velare, Adelhold 4 59514 Welver

In Anlehnung an NLP Swish Methode – Richard Bandler's Leitfaden zu Persönlicher Veränderung 2009

Schriften des Judentums.

Wolfgang Senf, Michael Broda, Bettina Wilms, Techniken der Psychotherapie, Thieme

Otto Neurath, Nationalökonomie & Wertlehre

Printed in Poland
by Amazon Fulfillment
Poland Sp. z o.o., Wrocław

64670065R00128